JN061823

コンパクトシリーズ　流れ

流体シミュレーションのプログラム集

河村哲也　著

インデックス出版

Preface

本書はコンパクトシリーズ「流れ」で取りあげた，常微分方程式，線形偏微分方程式，非圧縮性ナビエ・ストークス方程式の数値解法に関連したプログラムを数多く集めた本です．そのうちいくつかはすでに個々の分冊でも Fortran などを用いて紹介していますが，本書ではプログラム言語を VBA に統一しました．

VBA を選んだ理由は，現在，ほぼすべての PC で使えるエクセルを用いれば読者が手軽にプログラムを実行でき，さらに計算結果もある程度見やすい形で表示できるからです．いいかえればお手持ちの PC にエクセルさえインストールされていれば，簡単な常微分方程式の求解からかなり本格的な 3 次元流れのシミュレーションまで可能です．VBA は本質的には BASIC であり，プログラムの構造が理解しやすく，他の言語への翻訳も容易です．なお，本書では数値解法の仕組みを見えやすくすることが目的であり，模範的なプログラムを示すことが目的ではないため，VBA 独自の命令は必要最低限にしており，また変数の型宣言すら行っていません．

数値計算や数値シミュレーションでは，理屈を理解するだけでは不十分であり，具体的なプログラムを見て内容を理解し，さらには自分でプログラムが組めるようになってはじめてマスターしたといえます．本書には紙媒体でプログラムを載せてあるだけですが，それを，煩わしさをいとわずに手で打ち込むという作業も重要と考えます．そして，プログラムの入力データをいろいろ変化させて実際に実行してみると興味ある結果が得られます．また，流れのシミュレーションでは境界条件などをいろいろ変化させて流れがどのように変わるのかをみるのも理解を深める上で大切です．

なお，特に流れの 3 次元シミュレーションでは，実行時間の関係で VBA を使っている限りあまり格子数は増やせないと思われます．しかし，プログラム自体は格子数が増えたからといって内容が変化するわけではありません．本格的なシミュレーションを行うためには本書のプログラムを Fortran など数値計算専門の言語に翻訳してみてください．For 文を Do 文に置き換えるなど機械的な作業でできるはずです．効果的な可視化についてはフリーソフトなどが利用できます．

本書単独でも流れのシミュレーションの重要部分がわかるようにしていますが，本書がコンパクトシリーズ「流れ」の補完となって，シリーズ全体の理解を深める上で役に立つことを願ってやみません．

2024 年 5 月

河村　哲也

Contents

Chapter 1

常微分方程式

1.1　1階微分方程式の初期値問題

$$\frac{dx}{dt} = f(t, x) \tag{1.1}$$
$$y(0) = a \quad (a : \text{定数})$$

を考えます．もっとも基本になるのは**オイラー法**で以下の漸化式で (t_0, x_0) からはじめて $(t_1, x_1), (t_2, x_2), \cdots$ の順に解の近似値を求めます．ただし，h は t の刻み幅で，計算で具体的な数値を指定します．

$$\begin{aligned} s_1 &= f(t_n, x_n) \\ x_{n+1} &= x_n + hs_1 \\ t_{n+1} &= t_n + h \end{aligned} \tag{1.2}$$

オイラー法の VBA によるプログラムが program 1-1 です．**関数文**を使っているので関数文にある F を変化させることによっていろいろな微分方程式を解くことができます．この例では $F = x$ としてあり，t を含んでいませんが文法的には問題はありません．また $a = 1$ という初期条件で $h = 0.1$ にとっていますが，この部分も問題によって変化させます．なお，この場合は厳密解 $x = \exp(t)$ をもつのでそれとの比較もおこなっています（通常は厳密解がわからないのでこのような比較はできません）．Fig.1.1 には計算結果を表と散布図で示していますが，t が大きくなるにつれて差が目立つようになります．

program 1-1

```
' 1階常微分方程式 - オイラー法
Sub Euler()
  Cells.Clear
  H = 0.1
  Tmax = 3#
```

```
  Nmax = Tmax / H
  T = 0#
  X = 1#
  For N = 0 To Nmax
    Cells(N + 1, 1) = T
    Cells(N + 1, 2) = X
    Cells(N + 1, 3) = Exp(T)
    S1 = F(T, X)
    X = X + S1 * H
    T = T + H
  Next N
End Sub

Function F(T, X)
  F = X
End Function
```

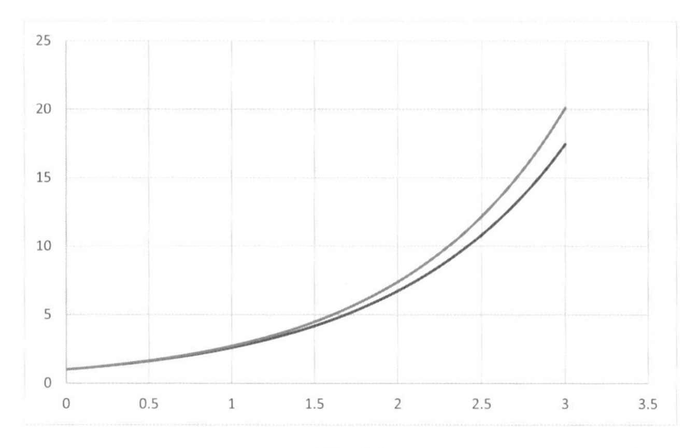

Fig.1.1

一般の BASIC ではサポートされていない VBA 独自の命令として，Cells.clear という命令を使っていますが，これは計算初期にエクセルの表を値の入っていない初期状態にするものです．これをつけないと以前あった表に上書きされますので，どこまでが新しい結果であるかわからなくなるので，書いておくと便利です．他に Cells(I,J)=A という形の命令も使っています．これは A に対応する数値をセルの I 行，J 列に書き込むという命令です．I や J をループでまわすことにより表が作成できます．数値計算では配列を多用しますが，Cells も 2 次元配列とみなすことができます．なお，VBA で**配列**を用いるときはあらかじめ宣言しておく必要があります（Cells は組み込まれているので宣言はしません）．注意すべきことは VBA における配列の要素は 0

からはじまるということです．たとえば

```
DIM B(10)
```

という命令を書いたときは，配列 B に対して要素は $B(0), B(1), \cdots, B(10)$ となります．２次元以上の配列に対しても同じです．一方 `Cells(0,0)` とするとエラーになります．表には０行目や０列目がないからです．

オイラー法より精度のよい方法に**ルンゲ・クッタ法**があります．ルンゲ・クッタ法にもいろいろ種類がありますが，ここでは手軽な２次のルンゲ・クッタ法と精度がよいためよく使われる４次のルンゲ・クッタ法（1/6 公式）に対し，それらを式 (1.1) に適応したプログラムを program 1-2 と program 1-3 にのせておきます．これらはそれぞれ式 (1.1) を解くための以下のアルゴリズムがもとになっています．

$$
\begin{aligned}
s_1 &= f(t_n, x_n) \\
s_2 &= f(t_n + h, x_n + hs_1) \\
x_{n+1} &= x_n + h(s_1 + s_2)/2 \\
t_{n+1} &= t_n + h
\end{aligned}
\tag{1.3}
$$

$$
\begin{aligned}
s_1 &= f(t_n, x_n) \\
s_2 &= f(t_n + h/2, x_n + hs_1/2) \\
s_3 &= f(t_n + h/2, x_n + hs_2/2) \\
s_4 &= f(t_n + h, x_n + hs_3) \\
x_{n+1} &= x_n + h(s_1 + 2s_2 + 2s_3 + s_4)/6 \\
t_{n+1} &= t_n + h
\end{aligned}
\tag{1.4}
$$

関数文を使っているため，上のアルゴリズムをそのままプログラムに記述することができます．Fig.1.1 に対応する結果を Fig.1.2 と Fig.1.3 に載せますがオイラー法に比べて格段に精度がよくなっている（厳密解に近くなっている）ことがわかります．

program 1-2

```
' １階常微分方程式－２次精度ルンゲ・クッタ法
Sub RK2()
  Cells.Clear
```

```
  H = 0.1
  Tmax = 3#
  Nmax = Tmax / H
  T = 0#
  X = 1#
  For N = 0 To Nmax
    Cells(N + 1, 1) = T
    Cells(N + 1, 2) = X
    Cells(N + 1, 3) = Exp(T)
    S1 = F(T, X)
    S2 = F(T + H, X + S1 * H)
    X = X + H * (S1 + S2) / 2#
    T = T + H
  Next N
End Sub

Function F(T, X)
  F = X
End Function
```

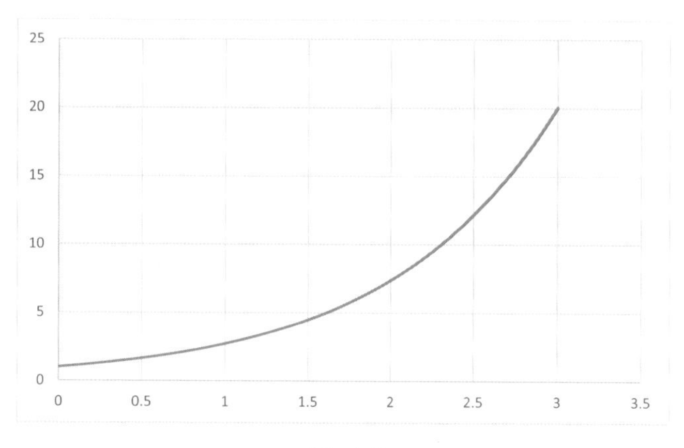

Fig.1.2

program 1-3

```
' 1階常微分方程式 - 4次精度ルンゲ・クッタ法
Sub RK4()
  Cells.Clear
  H = 0.1
  Tmax = 3#
  Nmax = Tmax / H
  T = 0#
  X = 1#
  For N = 0 To Nmax
    Cells(N + 1, 1) = T
    Cells(N + 1, 2) = X
    Cells(N + 1, 3) = Exp(T)
    S1 = F(T, X)
    S2 = F(T + H / 2#, X + S1 * H / 2#)
    S3 = F(T + H / 2#, X + S2 * H / 2#)
```

```
    S4 = F(T + H, X + S3 * H)
    X = X + H * (S1 + 2# * S2 + 2# * S3 + S4) / 6#
    T = T + H
  Next N
End Sub

Function F(T, X)
  F = X
End Function
```

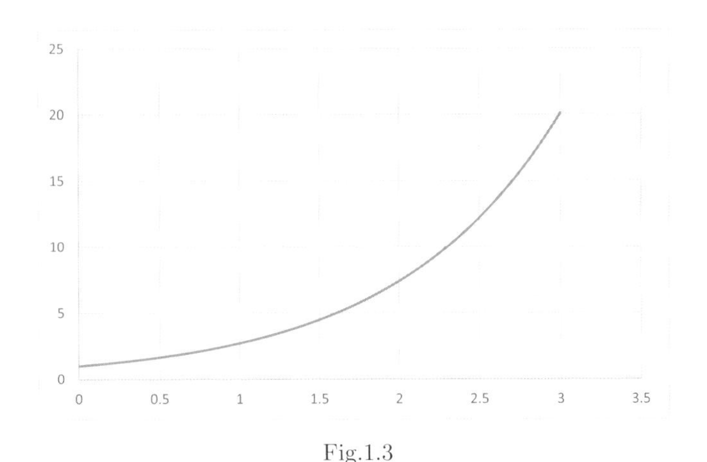

Fig.1.3

1.2　連立微分方程式の初期値問題

正規形の n 階微分方程式は簡単な置きかえによって連立 n 元 1 階微分方程式に書き換えることができます．たとえば**2階微分方程式の初期値問題**

$$\frac{d^2x}{dt^2} = g(t, x, dx/dt)$$
$$x(0) = a, \quad x'(0) = b$$

は $y = dx/dt$ という置き換えによって**連立2元1階微分方程式**

$$\frac{dx}{dt} = y$$
$$\frac{dy}{dt} = g(t, x, y)$$
$$x(0) = a, \quad y(0) = b$$

に変形できます．これは一般的な連立２元１階微分方程式

$$\frac{dx}{dt} = f(t, x, y), \quad \frac{dy}{dt} = g(t, x, y) \tag{1.5}$$

の特殊な場合になっています．式 (1.5) は前節で述べたオイラー法やルンゲ・クッタ法で解くことができます．アルゴリズムはそれぞれ

$$\begin{aligned}
s_1 &= f(t_n, x_n, y_n) \\
p_1 &= g(t_n, x_n, y_n) \\
x_{n+1} &= x_n + hs_1 \\
y_{n+1} &= y_n + hp_1 \\
t_{n+1} &= t_n + h
\end{aligned} \tag{1.6}$$

$$\begin{aligned}
s_1 &= f(t_n, x_n, y_n) \\
p_1 &= g(t_n, x_n, y_n) \\
s_2 &= f(t_n + h, x_n + hs_1, y_n + hp_1) \\
p_2 &= g(t_n + h, x_n + hs_1, y_n + hp_1) \\
x_{n+1} &= x_n + h(s_1 + s_2)/2 \\
y_{n+1} &= y_n + h(p_1 + p_2)/2 \\
t_{n+1} &= t_n + h
\end{aligned} \tag{1.7}$$

$$\begin{aligned}
s_1 &= f(t_n, x_n, y_n) \\
p_1 &= g(t_n, x_n, y_n) \\
s_2 &= f(t_n + h/2, x_n + hs_1/2, y_n + hp_1/2) \\
p_2 &= g(t_n + h/2, x_n + hs_1/2, y_n + hp_1/2) \\
s_3 &= f(t_n + h/2, x_n + hs_2/2, y_n + hp_2/2) \\
p_3 &= g(t_n + h/2, x_n + hs_2/2, y_n + hp_2/2) \\
s_4 &= f(t_n + h, x_n + hs_3, y_n + hp_3) \\
p_4 &= g(t_n + h, x_n + hs_3, y_n + hp_3) \\
x_{n+1} &= x_n + h(s_1 + 2s_2 + 2s_3 + s_4)/6 \\
y_{n+1} &= y_n + h(p_1 + 2p_2 + 2p_3 + p_4)/6 \\
t_{n+1} &= t_n + h
\end{aligned} \tag{1.8}$$

となります．以下，大振幅の振り子の**減衰振動**を表す**ニュートンの運動方程式**

$$\frac{d^2x}{d^2} + c\frac{dx}{dt} + k\sin x = 0 \qquad (1.9)$$
$$x(0) = \pi/4, \quad x'(0) = 0$$

をオイラー法と４次のルンゲ・クッタ法で解くプログラムを program 1-4，program 1-5 に示します．なお，x は振れ角で周囲からの抵抗は速度に比例（たとえば水中など周囲からの抵抗が大きい場合）すると仮定し，45° の角度で静止させたあとの振動を表しています（π は VBA では定義されていないのでたとえば 4*Atn(1.0) と書きます）．Fig.1.4 と Fig.1.5 は実行結果です．

program 1-4

```
' 振り子の減衰振動 - オイラー法
Sub GensuiE()
  Cells.Clear
  H = 0.1
  Tmax = 30
  Nmax = Tmax / H
  A = 0.25
  T = 0#
  X = Atn(1#)
  Y = 0#
  For N = 0 To Nmax
    Cells(N + 1, 1) = T
    Cells(N + 1, 2) = X
    Cells(N + 1, 3) = Y
    S1 = F(Y)
    P1 = G(X, Y, A)
    X = X + H * S1
    Y = Y + H * P1
    T = T + H
  Next N
End Sub

Function F(Y)
  F = Y
End Function

Function G(X, Y, A)
  G = -Sin(X) - A * Y
End Function
```

program 1-5

```
' 振り子の減衰振動 - ルンゲ・クッタ法
Sub GensuiR()
  Cells.Clear
  H = 0.1
  Tmax = 30
```

```
  Nmax = Tmax / H
  A = 0.25
  T = 0#
  X = Atn(1#)
  Y = 0#
  For N = 0 To Nmax
    Cells(N + 1, 1) = T
    Cells(N + 1, 2) = X
    Cells(N + 1, 3) = Y
    S1 = F(Y)
    P1 = G(X, Y, A)
    S2 = F(Y + H * S1 / 2#)
    P2 = G(X + H * S1 / 2#, Y + H * P1 / 2#, A)
    S3 = F(Y + H * S2 / 2#)
    P3 = G(X + H * S2 / 2#, Y + H * P2 / 2#, A)
    S4 = F(Y + H * S3)
    P4 = G(X + H * S3, Y + H * P3, A)
    X = X + H * (S1 + 2# * S2 + 2# * S3 + S4) / 6#
    Y = Y + H * (P1 + 2# * P2 + 2# * P3 + P4) / 6#
    T = T + H
  Next N
End Sub

Function F(Y)
  F = Y
End Function

Function G(X, Y, A)
  G = -Sin(X) - A * Y
End Function
```

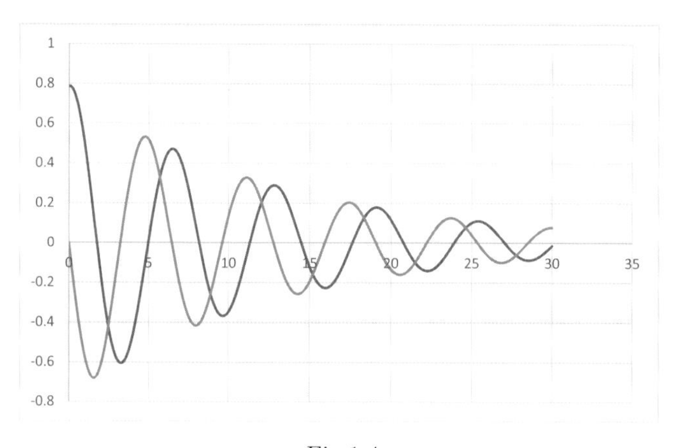

Fig.1.4

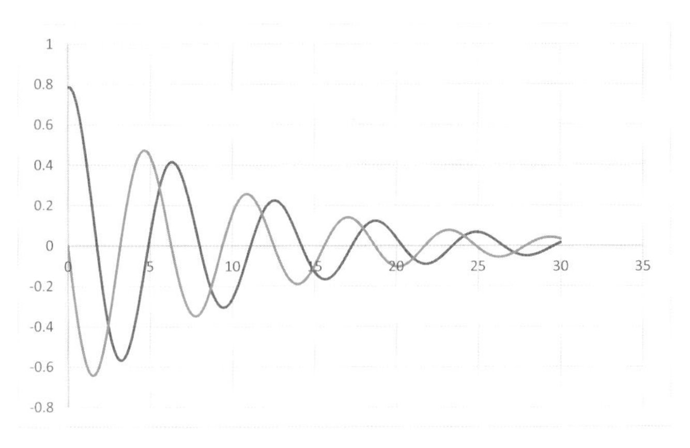

Fig.1.5

1.3 境界値問題

常微分方程式には今まで取り上げた初期値問題とは別に**境界値問題**があります．これは微分方程式が与えられた区間の境界点において条件を与えて解を求める問題です．ここでは**2階線形微分方程式**の境界値問題

$$\frac{d^2y}{dx} + p(x)\frac{dy}{dx} + q(x)y = r(x) \quad (a < x < b) \tag{1.10}$$
$$y(a) = A, \quad y(b) = B$$

を例にとります．区間 $[a, b]$ を n 個の等間隔の格子に分割して，i 番目の**格子点** $x = x_i$ における方程式の近似値を y_i と記すことにします．このとき式 (1.10) に現れる微分を**中心差分**で近似すれば

$$\frac{y_{i-1} - 2y_i + y_{i+1}}{h^2} + p_i\frac{y_{i+1} - y_{i-1}}{2h} + q_iy_i = r_i \tag{1.11}$$

となります（$i = 1, 2, \cdots, n-1$）．ここで h は格子の幅であり，$p_i = p(x_i)$，$q_i = q(x_i)$，$r_i = r(x_i)$ は p, q, r が与えられているため，計算できる数値です．式 (1.11) において y_0 と y_n は境界条件として与えられているため，これは未知数 $y_1, \cdots, y_{n-1}$ に対する連立１次方程式（**3項方程式**）

$$
\begin{aligned}
&b_1y_1 + c_1y_2 && = d_1 \\
&a_2y_1 + b_2y_2 + c_2y_3 && = d_2 \\
&\qquad\cdots && \\
&\qquad a_{n-2}y_{n-3} + b_{n-2}y_{n-2} + c_{n-2}y_{n-1} && = d_{n-2} \\
&\qquad\qquad a_{n-1}y_{n-2} + b_{n-1}y_{n-1} && = d_{n-1}
\end{aligned}
\tag{1.12}
$$

$$a_i = 1 - hp_i/2,\ \ b_i = -2 + h^2q_i,\ \ c_i = 1 + hp_i/2\ \ (i = 1.2.\cdots.n-1)$$
$$d_1 = h^2r_1 - a_1A,\ \ d_{n-1} = h^2r_{n-1} - c_{n-1}B,\ \ d_i = h^2r_i\ \ (i = 2,\cdots,n-2)$$

です．式 (1.12) は以下のアルゴリズム（**トーマス法**）により，補助的な配列 g_i と s_i を導入することにより解くことができます．

① $g_1 = b_1,\ \ s_1 = d_1$ とおく．
② $i = 2,3,\cdots,n-1$ の順に g_i, s_i を次式から求める：

$$g_i = b_i - a_ic_{i-1}/g_{i-1},\quad s_i = d_i - a_is_{i-1}/g_{i-1}$$

③ $y_{n-1} = s_{n-1}/g_{n-1}$
④ $i = n-2, n-1,\cdots,1$ の順に y_i を次式から求める：

$$x_i = (s_i - c_iy_{i+1})/g_i$$

program 1-6 は境界値問題

$$\frac{d^2y}{dx^2} + y = 0\quad (0 < x < \pi/2)\qquad y(0) = 1, y(\pi/2) = 0$$

を解くプログラムです．配列名はアルゴリズムに対応していますが，3 項方程式の係数を問題に合わせて記述しており，そのあとは上述のトーマス法のアルゴリズムをそのまま用いています．この問題は厳密解 $y = \cos x$ を持つため，Fig.1.6 では結果を比較しています．

program 1-6

```
' 境界値問題
Sub BVP()
  Dim A(100), B(100), C(100), D(100), Y(100), G(100), S(100)
  Cells.Clear
  N = 20
  H = Atn(1#) * 2 / N
  For I = 1 To N - 1
    A(I) = 1
    B(I) = H * H - 2
```

```
    C(I) = 1
    D(I) = 0
  Next I
  Y(0) = 1
  Y(N) = 0
  D(1) = D(1) * H * H - Y(0)
  D(N - 1) = D(N - 1) * H * H - Y(N)
  'トーマス法
  G(1) = B(1)
  S(1) = D(1)
  For I = 2 To N - 1
    R = A(I) / G(I - 1)
    G(I) = B(I) - R * C(I - 1)
    S(I) = D(I) - R * S(I - 1)
  Next I
  Y(N - 1) = S(N - 1) / G(N - 1)
  For I = N - 2 To 1 Step -1
    Y(I) = (S(I) - C(I) * Y(I + 1)) / G(I)
  Next I
  '出力
  For I = 0 To N
    YY = H * I
    Cells(I + 1, 1) = YY
    Cells(I + 1, 2) = Y(I)
    Cells(I + 1, 3) = Cos(YY)
  Next I
End Sub
```

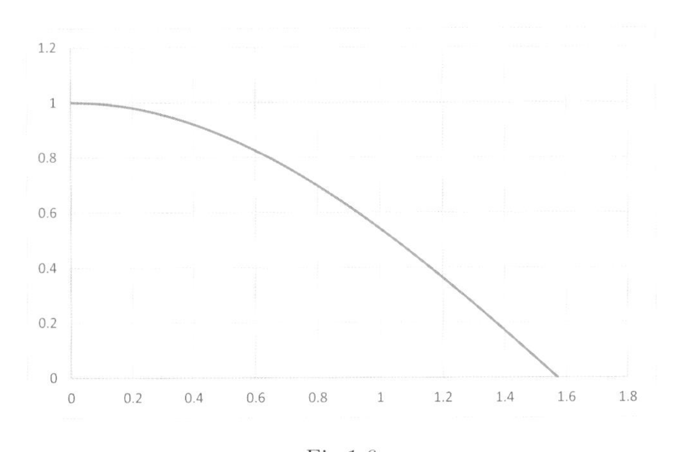

Fig.1.6

1.4　渦糸群の運動

完全流体（粘性をもたない流体）では渦糸とよばれる同心円の流線をもつ流れが存在します．この流れは同心円の中心からの距離に反比例した流速をもち

ます．中心を原点にとって式で表現すれば，v_r を半径方向の速度，v_θ を周方向の速度として

$$v_r = 0, \quad v_\theta = A/r \tag{1.12}$$

となります．ここで A は回転の強さ（**渦糸**の強さ）を表す定数で，$A > 0$ ならば反時計まわりの回転になります．式 (1.12) から x 方向の速度と y 方向の速度は

$$\begin{aligned} u &= V_r \cos\theta - V_\theta \sin\theta = -A\sin\theta/r = -Ar\sin\theta/r^2 = -Ay/(x^2+y^2) \\ v &= V_r \sin\theta + V_\theta \cos\theta = A\cos\theta/r = Ar\cos\theta/r^2 = Ax/(x^2+y^2) \end{aligned} \tag{1.13}$$

となります．これから

$$\begin{aligned} \frac{\partial u}{\partial x} + \frac{\partial v}{\partial y} &= 0 \\ \frac{\partial v}{\partial x} - \frac{\partial u}{\partial y} &= 0 \end{aligned}$$

が成り立つことがわかるため，**質量保存**と**渦なし**の条件が満足されて，完全流体中で起こり得る流れになります．

いま，静止流体中に n 個の渦糸が存在すれば，それらは相互作用を及ぼし合って動くと考えられます．常微分方程式の流体問題への応用として n 個の渦糸の運動を記述する方程式を導き，それを解くプログラムを示すことにします．

渦糸は自分自身がつくる流れでは流されませんが，他の渦糸がつくる流れに乗って移動します．中心が (x_j, y_j) で強さが A_j の j 番目の渦糸が i 番目の渦糸の位置 (x_i, y_i) につくる流速は，相対位置が $(x_i - x_j, y_i - y_j)$ であることを考慮すれば，式 (1.13) から

$$\begin{aligned} u_j &= \frac{-A_j(y_i - y_j)}{(x_i - x_j)^2 + (y_i - y_j)^2} \\ v_j &= \frac{A_j(x_i - x_j)}{(x_i - x_j)^2 + (y_i - y_j)^2} \end{aligned}$$

となります．自分以外のすべての渦糸がつくる速度を足し合わせた速度で渦 i は移動するため，微分方程式

$$
\frac{dx_i}{dt} = \sum_{i \neq j} u_j = \sum_{i \neq j} \frac{-A_j(y_i - y_j)}{(x_i - x_j)^2 + (y_i - y_j)^2}
$$
$$
\frac{dy_i}{dt} = \sum_{i \neq j} v_j = \sum_{i \neq j} \frac{A_j(x_i - x_j)}{(x_i - x_j)^2 + (y_i - y_j)^2} \tag{1.14}
$$

が導かれます．この方程式は $i = 1, 2, \cdots, n$ で成り立つため，連立 $2n$ 元１階微分方程式を構成します．これを初期の渦糸と位置と各渦糸の強さを与えて解くことになります．

program 1-7 は n を具体的に指定してオイラー法を用いて上記の微分方程式を解くプログラムです．具体的には $n = 4$（４個の渦糸）としていますが，数を増やしても問題ありません．ただし，n を増加させれば，それに応じて初期位置を指定する必要があります．

このプログラムでは４個の渦糸が正方形の４頂点になるように配置しています．それぞれの強さは同じですが，第１，３象限にある渦糸は時計まわり，第２，４象限にある渦糸は反時計まわりです．第１象限と第４象限の渦糸だけがある場合には，２つの渦糸はお互いの距離を一定にたもちながら x 軸の正の方向に進みます．しかし，実際には第２，４象限の渦糸の影響を受けて，距離を増加させ，その結果減速して x 軸の正方向に進みます．一方，第２，４象限の渦糸も x 軸の正の方向に進みますが，前にある２つの渦糸の影響を受けてお互いの距離を縮めて加速します．その結果，前方２個の渦糸に後方２個の渦糸が追いつき，そして追い越します．追い越されたあとは前後関係が逆になるため，前にある渦糸の対は幅を広めながら減速し，後ろにある渦糸の対は幅を狭めながら加速します．このようにして２組の渦の対は追い越しを繰り返します．Fig.1.7 は program 1-7 の実行結果で，４つの渦糸の運動の軌跡を示しています．本来は周期的な軌跡になるところ，オイラー法の精度の悪さが原因で周期的にはなっていません．

program 1-7

```
'渦糸群の運動：オイラー法
Sub UzuE()
  Dim X(10), Y(10), XT(10), YT(10)
  Dim SX1(10), SY1(10), SX2(10), SY2(10)
  Dim SX3(10), SY3(10), SX4(10), SY4(10), A(10)
  Cells.Clear
  N = 4
  X(1) = -1#: X(2) = -1#: X(3) = 1#: X(4) = 1#
```

```
  Y(1) = 1#: Y(2) = -1#: Y(3) = 1#: Y(4) = -1#
  A(1) = -1#: A(2) = 1#: A(3) = -1#: A(4) = 1#
  H = 0.05
  TMAX = 20
  T0 = 0
  Kmax = (TMAX - T0) / H + 1
  T = T0
  For K = 1 To Kmax
    For I = 1 To N
      XT(I) = X(I)
      YT(I) = Y(I)
    Next I
    For I = 1 To N
      SX1(I) = 0
      SY1(I) = 0
      For J = 1 To N
        If (I <> J) Then
          RR = (X(I) - X(J)) * (X(I) - X(J)) _
             + (Y(I) - Y(J)) * (Y(I) - Y(J))
          SX1(I) = SX1(I) + A(J) * (Y(I) - Y(J)) / RR
          SY1(I) = SY1(I) - A(J) * (X(I) - X(J)) / RR
        End If
      Next J
    Next I
    For I = 1 To N
      X(I) = XT(I) + H * SX1(I)
      Y(I) = YT(I) + H * SY1(I)
    Next I
    T = T + H
    For I = 1 To N
      KK = Kmax * (I - 1) + (I - 1)
      Cells(K + KK, 1) = T
      Cells(K + KK, 2) = X(I)
      Cells(K + KK, 3) = Y(I)
    Next I
  Next K
End Sub
```

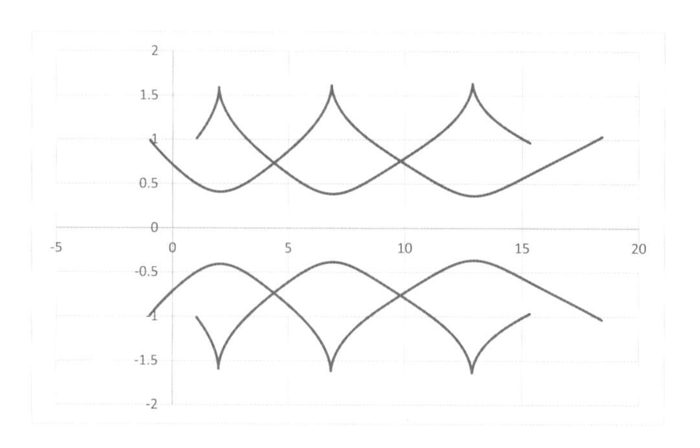

Fig.1.7

program 1-8 は４次精度のルンゲ・クッタ法のプログラムです．プログラムの後半においてコメントで示した部分は表示のためのプログラムであり，渦糸の運動の計算とは無関係の部分です．また Fig.1.8 は実行結果であり，周期構造が現れています．

なお，この図の表示では４つの渦の中心位置の軌跡が表示されるだけで流れ場の様子はわかりません．一方，４つの渦糸を含む領域を格子状に分割し，渦糸群がつくる各格子点における流速を計算することが可能です．この速度ベクトルを 2.4 節で述べる方法で表示したのが Fig.1.9 の一連の図で，比較的初期の５つの時間における速度場です．さらに流速からベルヌーイの定理を用いて各格子点の圧力を計算することが可能です．この圧力場をエクセルの等高線表示機能を用いて表示したものが Fig.1.10 であり，Fig.1.9 の各図に対応しています．

program 1-8

```
'渦糸群の運動：ルンゲ・クッタ法
Sub UZURK()
  Dim X(10), Y(10), XT(10), YT(10), SX1(10), SY1(10), SX2(10), SY2(10)
  Dim SX3(10), SY3(10), SX4(10), SY4(10), A(10)
  Cells.Clear
  N = 4
  X(1) = -1#: X(2) = -1#: X(3) = 1#: X(4) = 1#
  Y(1) = 1#: Y(2) = -1#: Y(3) = 1#: Y(4) = -1#
  A(1) = -1#: A(2) = 1#: A(3) = -1#: A(4) = 1#
  KK = 4: IB = 0: I40 = 40: J20 = 20
  H = 0.05
  TMAX = 20
  T0 = 0
  Kmax = (TMAX - T0) / H + 1
  T = T0
  For K = 1 To Kmax
    For I = 1 To N
      XT(I) = X(I)
      YT(I) = Y(I)
    Next I
    For I = 1 To N
      SX1(I) = 0
      SY1(I) = 0
      For J = 1 To N
        If I <> J Then
          RR = (X(I) - X(J)) * (X(I) - X(J)) + (Y(I) - Y(J)) * (Y(I) - Y(J))
          SX1(I) = SX1(I) + A(J) * (Y(I) - Y(J)) / RR
          SY1(I) = SY1(I) - A(J) * (X(I) - X(J)) / RR
        End If
      Next J
    Next I
    For I = 1 To N
      X(I) = XT(I) + H * SX1(I) / 2
      Y(I) = YT(I) + H * SY1(I) / 2
    Next I
```

```
For I = 1 To N
  SX2(I) = 0
  SY2(I) = 0
  For J = 1 To N
    If I <> J Then
      RR = (X(I) - X(J)) * (X(I) - X(J)) + (Y(I) - Y(J)) * (Y(I) - Y(J))
      SX2(I) = SX2(I) + A(J) * (Y(I) - Y(J)) / RR
      SY2(I) = SY2(I) - A(J) * (X(I) - X(J)) / RR
    End If
  Next J
Next I
For I = 1 To N
  X(I) = XT(I) + H * SX2(I) / 2
  Y(I) = YT(I) + H * SY2(I) / 2
Next I
For I = 1 To N
  SX3(I) = 0
  SY3(I) = 0
  For J = 1 To N
    If I <> J Then
      RR = (X(I) - X(J)) * (X(I) - X(J)) + (Y(I) - Y(J)) * (Y(I) - Y(J))
      SX3(I) = SX3(I) + A(J) * (Y(I) - Y(J)) / RR
      SY3(I) = SY3(I) - A(J) * (X(I) - X(J)) / RR
    End If
  Next J
Next I
For I = 1 To N
  X(I) = XT(I) + H * SX3(I)
  Y(I) = YT(I) + H * SY3(I)
Next I
For I = 1 To N
  SX4(I) = 0
  SY4(I) = 0
  For J = 1 To N
    If I <> J Then
      RR = (X(I) - X(J)) * (X(I) - X(J)) + (Y(I) - Y(J)) * (Y(I) - Y(J))
      SX4(I) = SX4(I) + A(J) * (Y(I) - Y(J)) / RR
      SY4(I) = SY4(I) - A(J) * (X(I) - X(J)) / RR
    End If
  Next J
Next I
For I = 1 To N
  X(I) = XT(I) + H * (SX1(I) + 2 * SX2(I) + 2 * SX3(I) + SX4(I)) / 6
  Y(I) = YT(I) + H * (SY1(I) + 2 * SY2(I) + 2 * SY3(I) + SY4(I)) / 6
Next I
T = T + H
' 中心の位置の表示（軌跡）
For I = 1 To N
  KA = Kmax * (I - 1) + (I - 1)
  Cells(K + KA, 1) = T
  Cells(K + KA, 2) = X(I)
  Cells(K + KA, 3) = Y(I)
Next I
' 流速・圧力表示
If K - Int(K / 20) * 20 = 1 And K < 82 Then
  JJ = 1
  FCT = 0.3
  For J = 1 To J20
    For I = 1 To I40
      XG = 0.2 * (I - 1) - 2#
      YG = 0.2 * (J - 10)
      UJ = 0
      VJ = 0
      For L = 1 To N
```

```
        RR = (XG - X(L)) * (XG - X(L)) + (YG - Y(L)) * (YG - Y(L))
        If RR > 0.001 Then
        UJ = UJ + A(L) * (YG - Y(L)) / RR
        VJ = VJ - A(L) * (XG - X(L)) / RR
        End If
      Next L
      PJ = UJ * UJ + VJ * VJ
      If PJ > 20 Then PJ = 20
      UV = Sqr(UJ * UJ + VJ * VJ)
      If UV > 1 Then
        UJ = UJ / UV
        VJ = VJ / UV
      End If
      Cells(JJ, KK) = XG
      Cells(JJ, KK + 1) = YG
      Cells(JJ + 1, KK) = XG + UJ * FCT
      Cells(JJ + 1, KK + 1) = YG + VJ * FCT
      JJ = JJ + 3
      Cells(I + IB, J + 14) = -PJ
    Next I
  Next J
  KK = KK + 2
  IB = IB + I40 + 1
End If
'表示部分終わり
Next K
End Sub
```

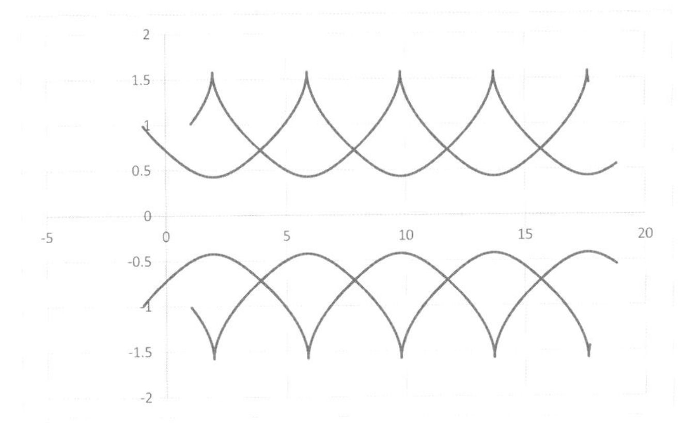

Fig.1.8

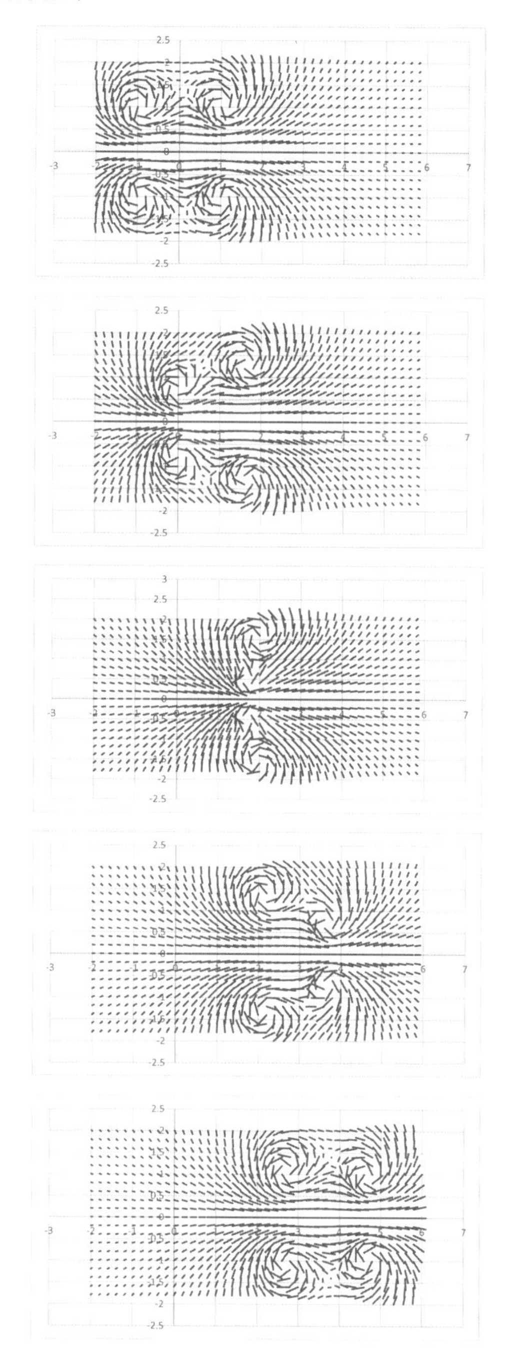

Fig.1.9

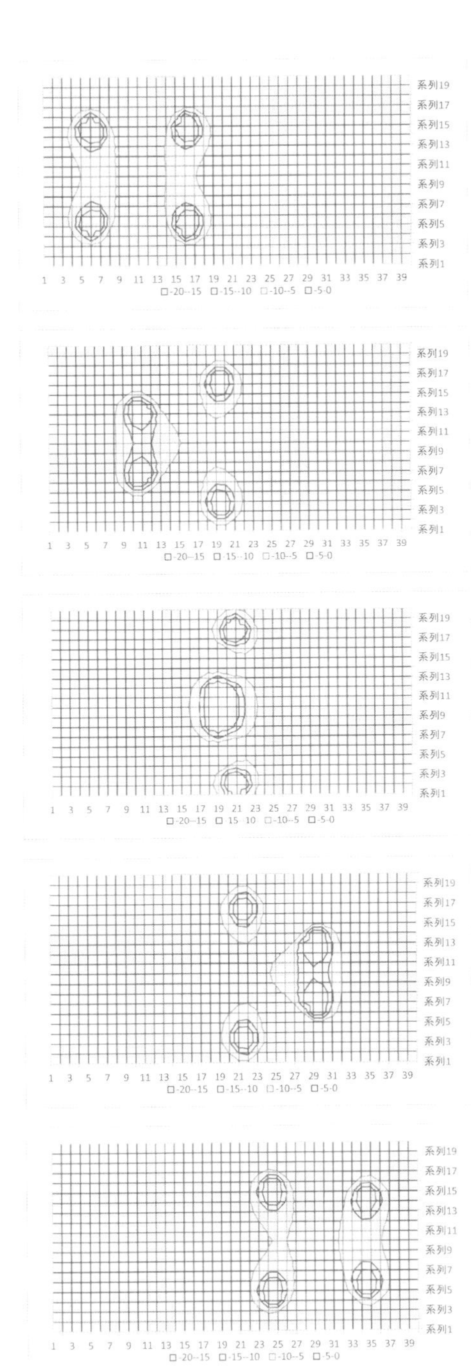

Fig.1.10

Chapter 2

線形偏微分方程式

2.1　１次元拡散方程式

はじめに**１次元拡散方程式の初期値・境界値問題**

$$\frac{\partial u}{\partial t} = a\frac{\partial^2 u}{\partial x^2} \quad (t > 0, 0 < x < 1) \tag{2.1}$$
$$u(0,t) = u(1,t) = 0, \quad u(x,0) = f(x)$$

を考えます．ここで $f(x)$ は既知の関数で，上記の方程式を熱伝導方程式と解釈した場合には初期温度を表します．式 (2.1) を，**オイラー陽解法**を用いて近似すると

$$\frac{u_j^{n+1} - u_j^n}{\Delta t} = a\left\{\frac{u_{j-1}^n - 2u_j^n + u_{j+1}^n}{(\Delta x)^2}\right\} \tag{2.2}$$

すなわち，

$$u_j^{n+1} = ru_{j-1}^n + (1-2r)u_j^n + r_{j+1}^n \quad \left\{r = a\Delta t/(\Delta x)^2\right\} \tag{2.3}$$

が得られます．ここで $u_j^n = u(x_j, t^n)$ は x 方向に幅 1，t 方向には半無限に伸びた帯状領域を格子分割（x 方向の格子幅 Δx，t 方向の格子幅 Δt）したときの (j,n) 番目の格子点における解の近似値です．

$u(x,t)$ は２変数の関数であるため，２次元配列が必要になるようにも見えますが，式 (2.2) より，時間方向に $n+1$ における u の値を計算する場合に n における値のみ使っています．そこで，n における u の値を記憶する１次元配列 U と $n+1$ における u の値を記憶する１次元配列 UU を用意しておけば，各 j に対して U から UU が計算できます．この計算が終わった時点で U の値は不要になるため，UU の内容を U にコピーします．すなわち $U \to UU \to U \to UU \to \cdots$ のように２つの１次元配列を使いまわすことにより時間進行が可能になります．一般に時間を含む偏微分方程式では，このように時間方向には配列をとらないことがふつうです．

１次元拡散方程式をオイラー陽解法で解くプログラムが program 2-1 です．１次元配列を宣言したあとで，計算に必要なパラメータ（x 方向の格子数，時間間隔 DT，時間ステップ数，拡散係数 A）を指定します．x 方向の格子幅 DX は１を x 方向の格子数で割った値，計算に用いる係数 r は A, DT, DX から計算します．次に初期条件 $F(x)$ を与えます．これは時間初期に U を与えることと同じです．このプログラムでは領域中央で 1，両端で 0 になるような折れ線分布を与えています．時間進行を行うとき境界条件も指定します．今の問題では常に 0 なので与える必要はありませんが，これとは異なる場合もありますので，プログラムに明示しています．あとは x 方向の各格子点での UU の値を U の値から式 (2.2) を用いて計算します．そのすぐあとで UU の値を U にコピーして１回の時間ステップが終わります．なお，結果を出力するためにこのプログラムでは 10 ステップおきに U の値をエクセルのセルに出力しています．表の第１列目は x の値，第２列目は 10 ステップでの U の値，第３列目は 20 ステップでの値というようになります．計算結果と散布図表示を Fig.2.1 に示します．

program 2-1

```
' １次元拡散方程式－オイラー陽解法
Sub heatE()
  Dim U(100), UU(100)
  Cells.Clear
  MX = 10
  NM = 200
  DX = 1# / MX
  DT = 1# / 1000#
  A = 1#
  R = A * DT / (DX * DX)
  ' 初期条件
  For I = 0 To MX
    X = DX * I
    Cells(I + 1, 1) = X
    If X < 0.5 Then
      U(I) = 2# * X
    Else
      U(I) = 2# * (1# - X)
    End If
  Next I
  ' 時間発展
  For N = 0 To NM
    U(0) = 0
    U(MX) = 0
    For I = 1 To MX - 1
      UU(I) = R * U(I - 1) + (1# - 2# * R) * U(I) + R * U(I + 1)
    Next I
```

```
    For I = 1 To MX - 1
      U(I) = UU(I)
    Next I
    '１０ステップに１回出力
    If N Mod 10 = 0 Then
      NN = N / 10 + 2
      For I = 0 To MX
        Cells(I + 1, NN) = U(I)
      Next I
    End If
  Next N
End Sub
```

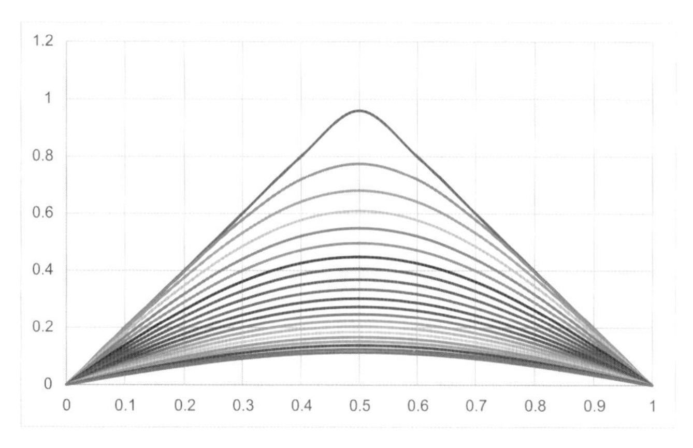

Fig.2.1

オイラー陽解法は上記のように簡単にプログラムが組めますが，パラメータ r が 1/2 を越えると計算できなくなるという欠点があります．この制限をなくすためには**オイラー陰解法**を用います．すなわち，式 (2.2) のかわりに

$$\frac{u_j^n - u_j^{n-1}}{\Delta t} = a\left\{\frac{u_{j-1}^n - 2u_j^n + u_{j+1}^n}{(\Delta x)^2}\right\}$$

すなわち，

$$-ru_{j-1}^n + (1+2r)u_j^n - r_{j+1}^n = u_j^{n-1} \quad \left\{r = a\Delta t/(\Delta x)^2\right\}$$

を用います．これは前の時間ステップ（あるいは初期条件）での値 u_j^{n-1} を 3 項方程式の右辺に用いて 3 項方程式を解いて現在の時間ステップでの値 u_j^n を求める式になっています．すなわち，毎時間ステップ 3 項方程式を解きます．

オイラー陰解法で前記の問題を解くプログラムが program 2-2 です．ただし，空間刻み幅を半分に，時間刻み幅を 10 倍にしており，このパラメータだとオイラー陽解法では発散して計算できません．３項方程式の左辺の係数は毎回同じであるため，はじめに計算しておき，右辺の値は時間ステップのループの中に入れてあります．パラメータの設定や結果の出力は program 2-1 と同じです．

program 2-2

```
'１次元拡散方程式－オイラー陰解法
Sub heatI()
  Dim U(51), A(51), B(51), C(51), D(51), G(51), S(51), UU(51)
  Cells.Clear
  JM = 20
  NM = 100
  R = 1#
  DX = 1# / JM
  DT = 0.01
  R = DT / (DX * DX)
  '初期条件
  For I = 0 To JM
    X = DX * I
    Cells(I + 1, 1) = X
    If X < 0.5 Then
      U(I) = X
    Else
      U(I) = 1# - X
    End If
  Next I
  For I = 0 To JM
    A(I) = -R
    B(I) = 2# * R + 1#
    C(I) = -R
  Next I
  '時間発展
  For N = 0 To NM
    U(0) = 0
    U(JM) = 0
    For I = 0 To JM
      D(I) = U(I)
    Next I
    G(1) = B(1)
    S(1) = D(1)
    For I = 2 To JM - 1
      G(I) = B(I) - A(I) * C(I - 1) / G(I - 1)
      S(I) = D(I) - A(I) * S(I - 1) / G(I - 1)
    Next I
    UU(JM - 1) = S(JM - 1) / G(JM - 1)
    For J = JM - 2 To 1 Step -1
      UU(J) = (S(J) - C(J) * UU(J + 1)) / G(J)
    Next J
    For I = 1 To JM - 1
      U(I) = UU(I)
    Next I
    '１０ステップに１回出力
    If N Mod 10 = 0 Then
```

```
      KK = Int(N / 10) + 2
      For I = 0 To JM
        Cells(I + 1, KK) = U(I)
      Next I
    End If
  Next N
End Sub
```

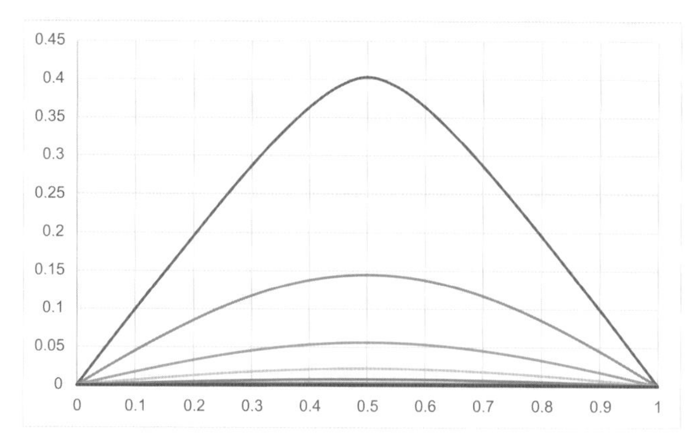

Fig.2.2

2.2　2 次元拡散方程式

本節では 2 次元拡散方程式の初期値・境界値問題

$$\begin{aligned}\frac{\partial u}{\partial t} =& a\left(\frac{\partial^2 u}{\partial x^2}+\frac{\partial^2 u}{\partial y^2}\right) \quad (t>0, 0<x<1, 0<y<1) \qquad (2.4)\\ u(0,y,t) =& 0, u(1,y,t)=0, u(x,1,t)=0\\ u(x,0,t) =& 0\ (0<x<1/4, 3/4<x<1)\\ u(x,0,t) =& 1\ (1/4<x<3/4) \quad u(x,y,0)=0\end{aligned}$$

を取り上げます．これは 1 辺が 1 の正方形の板を，初期に温度 0 にしておき，下の辺の一部分 (1/4 から 3/4 まで）だけを 1 に保った時の板の温度分布の時間変化を記述する方程式になっています．

オイラー陽解法を適用すると，式 (2.4) は

$$\frac{u_{j,k}^{n+1} - u_j^n}{\Delta t} = a\left\{\frac{u_{j-1,k}^n - 2u_{j,k}^n + u_{j+1,k}^n}{(\Delta x)^2} + \frac{u_{j,k-1}^n - 2u_{j,k}^n + u_{j,k+1}^n}{(\Delta y)^2}\right\} \tag{2.5}$$

すなわち，

$$u_{j,k}^{n+1} = u_{j,k}^n + r(u_{j-1,k}^n - 2u_{j,k}^n + u_{j+1,k}^n) + s(u_{j,k-1}^n - 2u_{j,k}^n + u_{j,k+1}^n) \tag{2.6}$$

$$\{r = a\Delta t/(\Delta x)^2, r = a\Delta t/(\Delta y)^2\}$$

となります．$n+1$ ステップの値を計算する場合，n ステップでの値だけを使っているため，１次元の場合と同じく n ステップでの値を配列 U に記憶して $n+1$ ステップでの値を配列 UU に記憶し，計算が終わった時点で UU の内容を U にコピーすることにより，時間方向には配列は不要になります．次元が増えることによってプログラムの構造が変わることはないため，ループが２重になること以外に大きな変化はありません． program 2-3 に上の条件で式 (2.4) を解くプログラムを示します．なお，このプログラムで式 (2.6) を計算するときは $CX = CY = 0$ とします．CX と CY を加えたのはあとで説明する移流拡散方程式にも使えるようにしたためです．

program 2-3

```
' 2次元（移流）拡散方程式
Sub AdvDif()
  Dim U(50, 50), UU(50, 50)
  Cells.Clear
  DX = 0.1: DY = 0.1: MX = 40: MY = 20: NMAX = 400: DT = 0.002
  CX = InputBox("x 速さ CX")
  CY = InputBox("y 速さ CY")
  '初期条件
  For J = 0 To MY
    For I = 0 To MX
      U(I, J) = 0
    Next I
  Next J
  '境界条件
  For I = 2 * MX / 5 To 3 * MX / 5
    U(I, 0) = 1#
  Next I
  '時間発展
  For N = 1 To NMAX
    For J = 1 To MY - 1
      For I = 1 To MX - 1
        UX = (U(I + 1, J) - U(I - 1, J)) / (2# * DX)
        UY = (U(I, J + 1) - U(I, J - 1)) / (2# * DY)
```

```
      UXX = (U(I + 1, J) - 2# * U(I, J) + U(I - 1, J)) / (DX * DX)
      UYY = (U(I, J + 1) - 2# * U(I, J) + U(I, J - 1)) / (DY * DY)
      UU(I, J) = U(I, J) + DT * (-CX * UX - CY * UY + UXX + UYY)
    Next I
  Next J
  For J = 1 To MY - 1
    For I = 1 To MX - 1
      U(I, J) = UU(I, J)
    Next I
  Next J
 Next N
 '出力
 For J = 0 To MY
  For I = 0 To MX
    Cells(I + 1, J + 1) = U(I, J)
  Next I
 Next J
End Sub
```

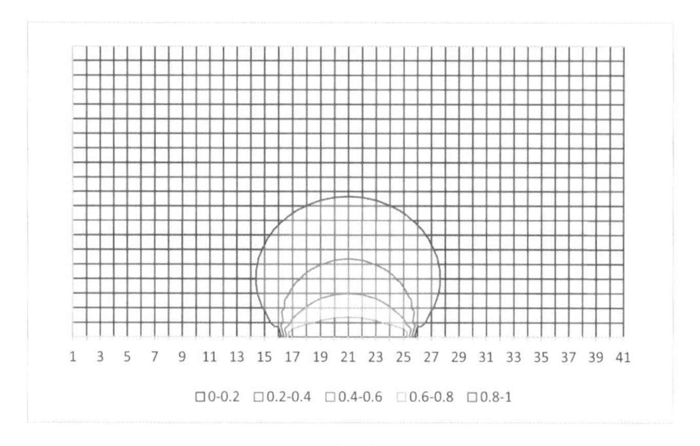

Fig.2.3

1次元の場合と同じくオイラー陽解法を使うときには時間刻み幅に制限がつきます．具体的には $r+s \leq 1/2$ を満足するように Δt を設定する必要があります．この制限をなくすためには1次元の場合と同じく式(2.4)時間微分を後退差分 $(u^n_{j,k}-u^{n-1}_{j,k})/\Delta t$ で近似します．この場合は u^n に対する連立1次方程式を解くことになりますが，3項方程式にはならないためトーマス法が使えません．そのため，**ガウス・ザイデル法**などの**反復法**を用いる必要があります．

反復法を避けるためには**ADI法**を用います．すなわち，式(2.4)の近似に際して，まず x 方向のみ陰的に取り扱います．すなわち，式(2.6)において r でくくられた項の u^n を u^{n+1} とします．このようにすると3項方程式になるためトーマス法が使えます．次の時間ステップをすすめるときには y 方向のみ陰的に取り扱うことにより３項方程式に帰着させることができます．そして以下同様に x 方向と y 方向を交互に陰的に近似します．ADI 法のプログラムを program 2-4 に示します．

program 2-4

```
' 2次元拡散方程式 - ADI 法
Sub ADI()
  Dim A(60), B(60), C(60), D(60), G(60), S(60), X(60)
  Dim U(40, 40), UU(40, 40)
  Cells.Clear
  MX = 20: MY = 20: DT = 0.1: NLAST = 100
  DX = 1# / MX
  DY = 1# / MY
  R1 = 0.5 * DT / (DX * DX)
  R2 = 0.5 * DT / (DY * DY)
  '初期条件
  For K = 0 To MY
    For J = 0 To MX
      U(J, K) = 0#
      UU(J, K) = 0#
    Next J
  Next K
  '時間発展
  For N = 1 To NLAST
    '境界条件
    For K = 0 To MY
      U(0, K) = 0.5
      U(MX, K) = 0#
      UU(0, K) = 0.5
      UU(MX, K) = 0#
    Next K
    For J = 0 To MX
      U(J, 0) = 1#
      U(J, MY) = 0#
      UU(J, 0) = 1#
      UU(J, MY) = 0#
    Next J
    'ADI 法 (X 方向)
    For K = 1 To MY - 1
      For J = 1 To MX - 1
        A(J) = -R1
        B(J) = 2# * R1 + 1#
        C(J) = -R1
        D(J) = U(J, K) + R2 * (U(J, K + 1) _
             - 2# * U(J, K) + U(J, K - 1))
      Next J
      D(1) = D(1) + R1 * U(0, K)
      D(MX - 1) = D(MX - 1) + R1 * U(MX, K)
      G(1) = B(1)
      S(1) = D(1)
      For J = 2 To MX - 1
        G(J) = B(J) - A(J) * C(J - 1) / G(J - 1)
        S(J) = D(J) - A(J) * S(J - 1) / G(J - 1)
      Next J
      X(MX - 1) = S(MX - 1) / G(MX - 1)
```

```
      For J = MX - 2 To 1 Step -1
        X(J) = (S(J) - C(J) * X(J + 1)) / G(J)
      Next J
      For J = 1 To MX - 1
        UU(J, K) = X(J)
      Next J
    Next K
    'ADI 法 (Y 方向)
    For J = 1 To MX - 1
      For K = 1 To MY - 1
        A(K) = -R2
        B(K) = 2# * R2 + 1#
        C(K) = -R2
        D(K) = UU(J, K) + R1 * (UU(J + 1, K) _
             - 2# * UU(J, K) + UU(J - 1, K))
      Next K
      D(1) = D(1) + R2 * UU(J, 0)
      D(MY - 1) = D(MY - 1) + R2 * UU(J, MY)
      G(1) = B(1)
      S(1) = D(1)
      For K = 2 To MY - 1
        G(K) = B(K) - A(K) * C(K - 1) / G(K - 1)
        S(K) = D(K) - A(K) * S(K - 1) / G(K - 1)
      Next K
      X(MY - 1) = S(MY - 1) / G(MY - 1)
      For K = MY - 2 To 1 Step -1
        X(K) = (S(K) - C(K) * X(K + 1)) / G(K)
      Next K
      For K = 1 To MY - 1
        U(J, K) = X(K)
      Next K
    Next J
  Next N
  '  出力
  For K = 0 To MY
    For J = 0 To MX
      Cells(J + 1, K + 1) = U(J, K)
    Next J
  Next K
End Sub
```

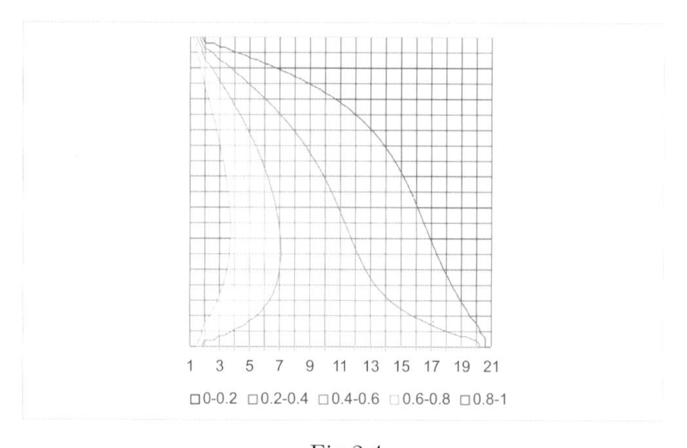

Fig.2.4

2.3　移流方程式と移流拡散方程式

本節ではまず**1次元移流方程式**

$$\frac{\partial u}{\partial t} + c\frac{\partial u}{\partial x} = 0 \quad (c > 0, t > 0) \tag{2.7}$$

を取り上げます．これを近似するために

$$\frac{u_j^{n+1} - u_j^n}{\Delta t} + c\frac{u_j^n - u_{j-1}^n}{\Delta x} = 0 \tag{2.8}$$

すなわち，

$$u_j^{n+1} = \mu u_{j-1}^n + (1-\mu)u_j^n \quad (\mu = c\Delta t/\Delta x) \tag{2.9}$$

を用いる方法を**1次精度上流差分法**といいます．これは移流方程式では情報が上流側から伝わることを考慮して，$c > 0$ のとき空間1階微分を後退差分で近似する方法です．

program 2-5 ではタイプを0に選ぶと1次精度上流差分で近似した結果が得られます．プログラムの構造は基本的には1次元拡散方程式と同じで，式 (2.3) のかわりに式 (2.9) を用いたものになっています．もちろん初期条件や境界条件は問題に応じて変化させる必要があります．このプログラムでは初期条件を階段状の関数（ある点より左を1，それより右は0）にしています．厳密な解はこの分布が形を変えずに速さ c で右に伝わっていくというものですが，計算結果（Fig.2.5）をみると，右には伝わっていくものの時間進行とともに急峻な部分が平坦になっていくことがわかります．なお，この方法は $\mu > 1$ のときは使えません（計算が発散します）．

program 2-5

```
' 1次元移流方程式（1次精度・3次精度上流差分法）
Sub adv()
  Dim U(100), UU(100)
  Cells.Clear
  ITYP = InputBox("Type の入力  0: 1次 / 1: 3次 / 2: リミター")
  MX = 50
  JMAX = 100
  R = 0.25
  DX = 0.1
  DT = R * DX
  ' 初期条件
```

```
  For J = 0 To MX
    X = DX * J
    Cells(J + 1, 1) = X
    If X < 1# Then
      U(J) = 1
    Else
      U(J) = 0
    End If
  Next J
  'メインループ
  For N = 0 To JMAX
    '境界条件
    U(0) = 1#
    U(MX) = 0#
    '次のステップのUの計算
    For J = 1 To MX
      UU(J) = (1# - R) * U(J) + R * U(J - 1)
    Next J
    If ITYP > 0 Then
      For J = 2 To MX - 2
        A1 = -U(J + 2) + 8# * (U(J + 1) - U(J - 1)) + U(J - 2)
        A2 = U(J + 2) + U(J - 2) - 4# * (U(J + 1) + U(J - 1)) + 6# * U(J)
        UU(J) = U(J) - R * (A1 + 3# * A2) / 12#
        If ITYP > 1 Then
          If UU(J) > 1 Then UU(J) = 1
          If UU(J) < 0 Then UU(J) = 0
        End If
      Next J
    End If
    For J = 1 To MX
      U(J) = UU(J)
    Next J
    '10回に1度出力
    If N Mod 10 = 0 Then
      NN = N / 10 + 2
      For J = 0 To MX
        Cells(J + 1, NN) = U(J)
      Next J
    End If
  Next N
End Sub
```

式 (2.7) の c は定数ですが，場所によって変化する場合もあります．もし $c<0$ であれば空間微分は前進差分で近似する必要があります．IF 文を用いて場合分けしてもよいのですが c の絶対値を使って

$$c\frac{\partial u}{\partial x}=c\frac{u_{j+1}-u_{j-1}}{2\Delta x}-|c|\frac{u_{j+1}-2u_j+u_{j-1}}{2\Delta x} \tag{2.10}$$

と書けば場合分けをする必要はなくなります．このとき，式 (2.8) は

$$\frac{u_j^{n+1}-u_j^n}{\Delta t}+c\frac{u_{j+1}^n-u_{j-1}^n}{2\Delta x}=\frac{|c|\Delta x}{2}\left\{\frac{u_{j-1}^n-2u_j^n+u_{j+1}^n}{(\Delta x)^2}\right\}$$

となりますが，右辺は 2 回微分の近似に係数 $|c|\Delta x/2$ を掛けたものです．したがって，1 次精度上流差分による近似は中心差分の近似に計算を安定にすすめ

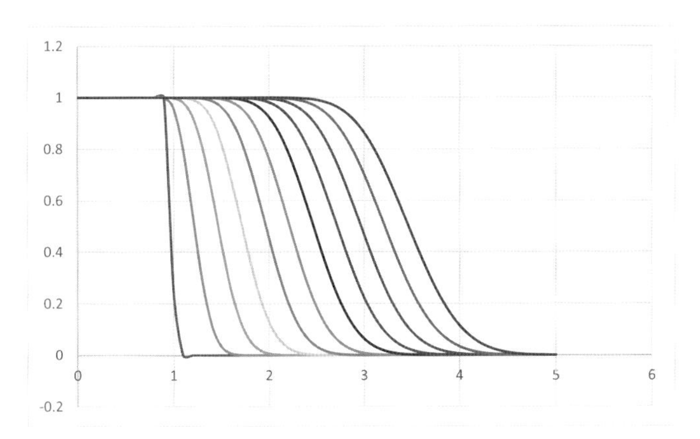

Fig.2.5a

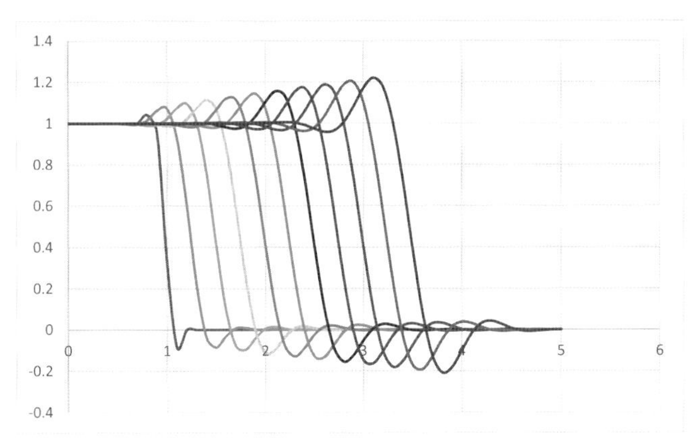

Fig.2.5b

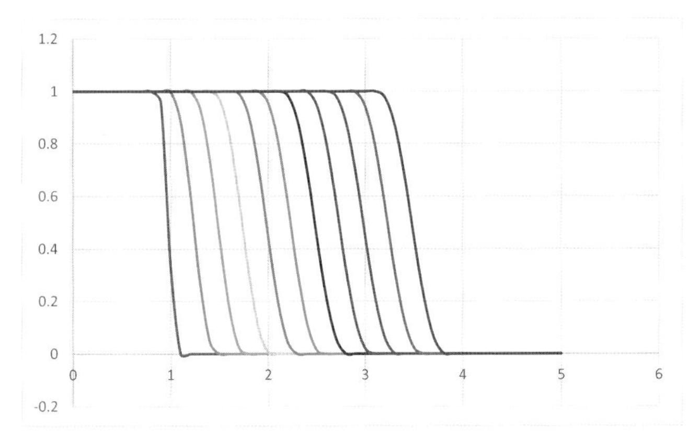

Fig.2.5c

るための拡散を加えたものと解釈できます．これが Fig.2.5a で分布が時間とともに平坦になった理由です．

後述しますが，流れのシミュレーションで拡散を大きくするということはレイノルズ数を小さくすることに対応します．レイノルズ数を変化させずに計算を安定化するためには**3次精度上流差分法**がよく使われます．この差分法は絶対値を用いると

$$\begin{aligned} c\frac{\partial u}{\partial x} =& c\frac{-u_{j+2}+8(u_{j+1}-u_{j-1})+u_{j-2}}{12\Delta x} \\ &+|c|\frac{u_{j+2}-4u_{j+1}+6u_j-4u_{j-1}+u_{j-2}}{12\Delta x} \end{aligned} \tag{2.11}$$

と書くことができます．ここで右辺の第1項は $c\partial u/\partial x$ の4次精度の中心差分近似であり，第2項は $-|c/12|\partial^4 u/\partial x^4$ の近似に $(\Delta x)^3$ を掛けたものになっています．すなわち，計算の安定化のため4階微分を使っているとみなせます．4階微分は2階微分とは異なった拡散になるため，流体計算に応用する場合にはレイノルズ数には影響を及ぼしにくいと考えられます．

program 2-5 でタイプを1に選ぶと3次精度上流差分を用いた結果が得られます．Fig.2.5a と同じパラメータを用いた場合の計算結果が Fig.2.5b です．解が急激に変化する部分の前後で振動がおきていますが，解の急峻さをある程度保った結果が得られています．

なお，初期の u の波形は $0 \le u \le 1$ であるため，時間進行にともなって0以下になると0に，1以上になると1にすることも考えられます．タイプを2に選ぶとこのような操作を行います．Fig.2.5c に結果を示します．

移流方程式は2次元や3次元に拡張できますが，ここでは2次元の移流方程式に拡散項を加えた**2次元移流拡散方程式**の初期値・境界値問題

$$\frac{\partial u}{\partial t}+c_x\frac{\partial u}{\partial x}+c_y\frac{\partial u}{\partial y}=a\left(\frac{\partial^2 u}{\partial x^2}+\frac{\partial^2 u}{\partial y^2}\right) \quad (t>0, 0<x<1, 0<y<1) \tag{2.12}$$

$$\begin{aligned} u(0,y,t) =& 0, u(1,y,t)=0, u(x,1,t)=0 \\ u(x,0,t) =& 0(0<x<1/4, 3/4<x<1) \\ u(x,0,t) =& 1(1/4<x<3/4 \quad u(x,y,0)=0 \end{aligned}$$

を取り上げます．ここで c_x は x 方向の移流速度，c_y は y 方向の移流速度で，物理量 u が速さ (c_x, c_y) で流されながら，拡散係数 a で拡散する現象を表しま

す．このとき u は初期状態ではすべて 0 で，下の辺の中央部付近では 1，それ以外の境界ではすべて 0 に保たれているとしています．プログラムでは拡散方程式のプログラムとほぼ同じですが U から UU を求めるときに移流項を差分化した項が加わります．これはすでに program 2-3 に含めてあり，c_x と c_y に具体的な数値を代入することになります．ただし，もとの方程式に拡散項があるため，上流差分ではなく中心差分を用いて近似しています．Fig.2.6 は実行結果であり，$c_x = 2, c_y = 1$ としています．Fig.2.3 に示した u の分布が，移流の効果のために右斜め上に流されていることがわかります．

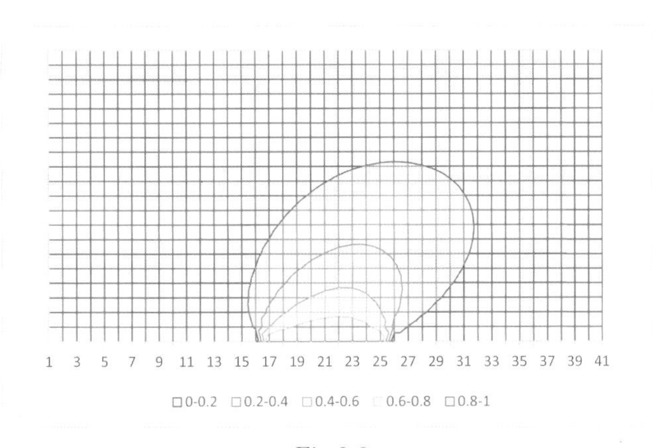

Fig.2.6

2.4　ラプラス方程式とポアソン方程式

ラプラス方程式や**ポアソン方程式**を解く場合には純粋な境界値問題になり，差分近似した方程式が境界条件を満足する形で各格子点で同時に成り立つ必要があります．いいかえれば，境界を除く領域内の格子点で差分方程式が同時に成り立つため，その格子点数の未知数をもつ連立 1 次方程式を解く必要があります．これは拡散方程式や移流方程式が漸化式で近似されることと対照的です．ここではまず 2 次元のポアソン方程式を正方形領域で解くことを考えます．ただし，境界では関数値そのものが与えられているとします．具体的には次の境界値問題を解きます．

$$\frac{\partial^2 u}{\partial x^2} + \frac{\partial^2 u}{\partial y^2} = -Q(x,y) \quad (t>0, 0<x<1, 0<y<1) \tag{2.13}$$
$$u(0,y,t)=0, u(1,y,t)=5, u(x,1,t)=0, u(x,0,t)=10$$

これは正方形をした平板において左と下で温度を 0，右で 5，上で 10 に保ったときの熱平衡状態の温度分布を記述します．ただし，平板には $Q(x,y)$ で指定される熱源があるとしています．熱源がない場合はラプラス方程式になりますが，プログラムでは Q を 0 とおきます．

具体的なプログラムを program 2-6 に示します．このプログラムでは連立 1 次方程式を**ガウス・ザイデル法**で解いています．すなわち式 (2.13) を差分化した式

$$\frac{u_{j-1,k} - 2u_{j,k} + u_{j+1,k}}{(\Delta x)^2} + \frac{u_{j,k-1} - 2u_{j,k} + u_{j,k+1}}{(\Delta y)^2} = -Q_{j,k}$$
$$Q_{j,k} = Q(x_j, y_k)$$

を $u_{j,k}$ について解いた式

$$u_{j,k} = \frac{1}{2/(\Delta x)^2 + 2/(\Delta y)^2}\left\{\frac{u_{j-1,k}+u_{j+1,k}}{(\Delta x)^2} + \frac{u_{j,k-1}+u_{j,k+1}}{(\Delta y)^2} + Q_{j,k}\right\} \tag{2.14}$$

を反復式に用います．このとき左辺と右辺を同じ配列にするのがガウス・ザイデル法です．プログラムの構造は，特に $Q=0$ の場合は program 2-3 とほぼ同じです．このとき拡散方程式の時間ステップ 1 すすめることが反復を 1 回すすめることになっています．異なる点として，連立 1 次方程式が解けた段階で反復を終了させるため，EA という変数を用いて収束判定をおこなっていることがあげられます．EA をはじめに 0 にしておき，各格子点で反復前後の u の差の絶対値を次々に加えていきます．1 回の反復においてこの EA の値があらかじめ定めた小さな数より小さくなった段階で収束したとみなして反復のループか抜けます．なお，境界の値は常に変化しないため反復のループの外に出してあります．

このプログラムの実行結果は Fig.2.7 に示しています．

program 2-6

```
' 2次元ポアソン方程式（Q=0 のときラプラス方程式）
Sub POISSON()
  Dim U(51, 51), Q(51, 51)
  Cells.Clear
  MX = 20
  MY = 20
  NM = 1000
  DX = 1# / MX
  DY = 1# / MY
  ' 出発値
  For J = 0 To MY
    For I = 0 To MX
      U(I, J) = 0
      Q(I, J) = -400 * (DX * I) * (DY * J)
    Next I
  Next J
  For N = 1 To NM
    ' 境界条件
    For I = 0 To MX
      U(I, 0) = 10
      U(I, MY) = 0
    Next I
    For J = 0 To MY
      U(0, J) = 5
      U(MX, J) = 0
    Next J
    ' 反復（ガウス・ザイデル法）
    EA = 0
    For J = 1 To MY - 1
      For I = 1 To MX - 1
        EE = U(I, J)
        BB = (U(I - 1, J) + U(I + 1, J)) / (DX * DX) _
           + (U(I, J - 1) + U(I, J + 1)) / (DY * DY) + Q(I, J)
        U(I, J) = BB / (2# / (DX * DX) + 2# / (DY * DY))
        EA = EA + Abs(U(I, J) - EE)
      Next I
    Next J
    If EA < 0.0001 Then Exit For
  Next N
  ' 出力
  For J = 0 To MY
    For I = 0 To MX
      Cells(I + 1, J + 1) = U(I, J)
    Next I
  Next J
  Cells(MX + 2, 1) = N
  Cells(MX + 2, 2) = EA
End Sub
```

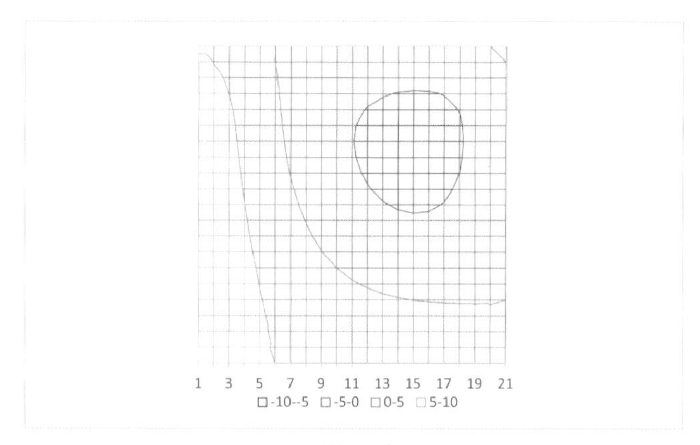

Fig.2.7

ラプラス方程式やポアソン方程式は数理物理学の分野で頻繁に現れる重要な偏微分方程式です．流体力学を例にとります．２次元の非圧縮性流れでは，流速を (u, v) としたとき

$$\frac{\partial u}{\partial x} + \frac{\partial v}{\partial y} = 0 \tag{2.15}$$

という関係式が成り立ちます．これは流体の質量保存を表す式で**連続の式**とよばれています．連続の式 (2.15) は

$$\frac{\partial \psi}{\partial y} = u, \quad \frac{\partial \psi}{\partial x} = -v \tag{2.16}$$

を満たすスカラー関数 $\psi(x, y)$ によって自動的に満足されます．$\psi(x, y)$ は**流れ関数**とよばれ，流体力学では重要な役割をもちます．たとえば $\psi =$ 一定 をみたす曲線は**流線**（流れはこの曲線を横切らず，この曲線に沿って流れます）になります．

次に流速の回転をとった量，すなわち $\nabla \times \vec{v}$ を**渦度**といい，$\vec{\omega}$ という記号で表します．渦度は流体の微小部分の回転角速度（の２倍）という物理的な意味をもっています．２次元流れでは渦度は z 方向成分だけであり

$$\omega_z = \frac{\partial v}{\partial x} - \frac{\partial u}{\partial y} \tag{2.17}$$

となります．式 (2.17) を式 (2.16) に代入するとポアソン方程式

$$\frac{\partial^2 \psi}{\partial x^2} + \frac{\partial^2 \psi}{\partial y^2} = -\omega_z \tag{2.18}$$

が得られます．渦度をもたない流れを**渦なし流れ**（または**ポテンシャル流れ**）といいます．２次元非圧縮性の渦なし流れに対しては $\omega_z = 0$ であるため，流れ関数はラプラス方程式

$$\frac{\partial^2 \psi}{\partial x^2} + \frac{\partial^2 \psi}{\partial y^2} = 0 \tag{2.19}$$

を満たしますが，ここではこの方程式を用いて円柱まわりの流れを求めることにします．

いままでの例と異なる点は境界が曲がっている点です．境界に沿った座標を用いると境界条件が課しやすいため，ここでは２次元**極座標**

$$x = r\cos\theta, \quad y = r\cos\theta \quad (r > 0, 0 \leq \theta \leq 2\pi) \tag{2.20}$$

を用います．極座標を用いれば半径が a と b の円で囲まれた同心円領域は

$$a \leq r \leq b, \quad 0 \leq \theta \leq 2\pi \tag{2.21}$$

で表されるため，$r - \theta$ 面では長方形領域になり差分格子に分割しやすいことがわかります．極座標を用いてラプラス方程式を表現すれば

$$\frac{\partial^2 \psi}{\partial r^2} + \frac{1}{r}\frac{\partial \psi}{\partial r} + \frac{1}{r^2}\frac{\partial^2 \psi}{\partial \theta^2} = 0 \tag{2.22}$$

となります．この方程式を式 (2.21) の領域で解くことになりますが，対称性を考慮すれば半円部分 $(0 \leq \theta \leq \pi)$ で解を求めれば十分です．境界条件は，流れが内部の円と対称線上では境界に沿って流れるため，流れ関数は一定値になります．この一定値を 0 とします．外部円上では一様流（$u = 1, v = 0$）として流れ関数で表現すれば，$y = 0$ のとき $\psi = 0$ を考慮して，$\psi = y = b\sin\theta$ となります．

式 (2.22) を反復法で解くために差分近似した式（ψ を p とおいています）

$$\frac{p_{j-1,k} - 2p_{j,k} + p_{j+1,k}}{(\Delta r)^2} + \frac{1}{r_j}\frac{p_{j+1,k} - p_{j-1,k}}{2\Delta r} + \frac{1}{r_j^2}\frac{p_{j,k-1} - 2p_{j,k} + p_{j,k+1}}{(r_j\Delta\theta)^2} = 0$$

を $p_{j,k}$ について解いた式

$$p_{j,k} = \left\{\frac{p_{j-1,k} + p_{j+1,k}}{(\Delta r)^2} + \frac{1}{r_j}\frac{p_{j+1,k} - p_{j-1,k}^n}{2\Delta r} + \frac{1}{r_j^2}\frac{p_{j,k-1} + p_{j,k+1}}{(r_j\Delta\theta)^2}\right\} \times \frac{1}{2/(\Delta r)^2 + 2/(r\Delta\theta)^2} \tag{2.23}$$

を用います．上記の境界条件を考慮したプログラムが program 2-7 です．全体の構造は program 2-6 と同じですが，反復に用いる式は (2.23) です．r_j も必要になるためループの中で計算しています．

program 2-7

```
' 円柱周りの２次元ポテンシャル流れ
Sub CIR()
  Dim P(50, 50), UU(40, 40), X(40), Y(40), R(40)
  Cells.Clear
  JM = 20: KM = 40
  ROUT = 5#: RIN = 1#
  Pi = 4# * Atn(1#)
  DR = (ROUT - RIN) / JM: DS = Pi / KM
  For J = 0 To JM
    R(J) = 1# + J * DR
  Next J
  For J = 0 To JM
    P(J, 0) = 0#: P(J, KM) = 0#
  Next J
  For K = 0 To KM
    P(0, L) = 0#: P(JM, K) = ROUT * Sin(DS * K)
  Next K
  For N = 1 To 500
    For K = 1 To KM - 1
      For J = 1 To JM - 1
        RJ = R(J)
        PR = (P(J + 1, K) + P(J - 1, K)) / DR ^ 2
        PR = PR + (P(J + 1, K) - P(J - 1, K)) / (2# * DR * RJ)
        PR = PR + (P(J, K + 1) + P(J, K - 1)) / (RJ * DS) ^ 2
        P(J, K) = PR / (2# / DR ^ 2 + 2# / (RJ * DS) ^ 2)
      Next J
    Next K
  Next N
  ' 出力
  For K = 1 To KM
  For J = 1 To JM
  Cells(J, K + 3) = P(J, K)
  Next J
  Next K
  ' 円柱座標表示
  MX = 40
  MY = 40
  For I = 0 To MX
    X(I) = -ROUT / 2# + ROUT * I / MX + 0.0001
  Next I
  For J = 0 To MY
    Y(J) = ROUT / 2# * J / MY
  Next J
  For J = 0 To MY - 1
    For I = 0 To MX - 1
      RA = Sqr(X(I) * X(I) + Y(J) * Y(J))
      DX = 0
      For IA = 0 To JM - 1
        If RA >= R(IA) And RA <= R(IA + 1) Then
          II = IA
          DX = RA - R(IA)
          Exit For
        End If
```

```
      Next IA
      If X(I) > 0 And Y(J) >= 0 Then TA = Atn(Y(J) / X(I))
      If X(I) < 0 And Y(J) >= 0 Then TA = Pi - Atn(Y(J) / (-X(I)))
      If X(I) < 0 And Y(J) < 0 Then TA = Atn(Y(J) / X(I)) + Pi
      If X(I) > 0 And Y(J) < 0 Then TA = 2# * Pi - Atn((-Y(J)) / X(I))
      If X(I) = 0 And Y(J) > 0 Then TA = Pi / 2#
      If X(I) = 0 And Y(J) < 0 Then TA = 3# * Pi / 2#
      JJ = Int(TA / DS)
      DY = TA - JJ * DS
      F1 = (DR - DX) * (DS - DY): F2 = DX * (DS - DY)
      F3 = (DR - DX) * DY: F4 = DX * DY
      UA = P(II, JJ) * F1 + P(II + 1, JJ) * F2 _
         + P(II, JJ + 1) * F3 + P(II + 1, JJ + 1) * F4
      UU(I, J) = UA / (F1 + F2 + F3 + F4)
      If RA < RIN Then UU(I, J) = 0#
      If RA > ROUT Then UU(I, J) = 0#
    Next I
  Next J
  For J = 0 To MY
    For I = 0 To MX
      Cells(I + JM + 3, J + 4) = UU(J, I)
    Next I
  Next J
  ' 流速表示
  FCT = 0.3
  JJ = 1
  KK = 1
  For K = 1 To KM - 1
    For J = 1 To JM - 1
      RI = 1# + J * DR
      XX = RI * Cos(DS * K)
      YY = RI * Sin(DS * K)
      VR = (P(J, K + 1) - P(J, K - 1)) / (2# * DS) / RI
      VT = -(P(J + 1, K) - P(J - 1, K)) / (2# * DR)
      UA = VR * Cos(DS * K) - VT * Sin(DS * K)
      VA = VR * Sin(DS * K) + VT * Cos(DS * K)
      Cells(JJ, KK) = XX
      Cells(JJ, KK + 1) = YY
      Cells(JJ + 1, KK) = XX + UA * FCT
      Cells(JJ + 1, KK + 1) = YY + VA * FCT
      JJ = JJ + 3
    Next J
  Next K
End Sub
```

このプログラムで出力されるのは $r-\theta$ 面における流れ関数の値なので等高線表示してもわかりにくいものになります．以下，流速ベクトルの表示法について考えてみます．

速度ベクトルを表示するためにはベクトルの始点と終点の (x, y) 座標を指定して直線で結びます．点を結ぶには散布図の応用が考えられます．ただし，エクセルの表の指定された列に順に出力する場合に上記２点を１組にして，次の点に移るときに空白のセルをつくります．なぜなら，空白がないとデータが連続しているとみなされるからです．具体的に表の１列目と２列目を利用するとすれば，第１番目のベクトルを描くときセル (1,1),(1.2) にそれぞれ始点の x

座標と y 座標を出力し，セル (2,1),(2,2) にそれぞれ終点の x 座標と y 座標を出力します．次に第２番目のベクトルを描くときは１行あけてセル (4,1),(4.2) にそれぞれ始点の x 座標と y 座標を出力し，セル (5,1),(5,2) にそれぞれ終点の x 座標と y 座標を出力します．以下同様です．

次に実際の計算は $r-\theta$ でおこなっているため式 (2.20) を用いて $x-y$ に変換した上でベクトルの始点の位置を決めます．ベクトルの始点 (x, y) が決まれば，終点は $(x+su, y+sv)$ となります．ここで s はベクトルの長さを決めるパラメータで大きいほど長くなります．また (u, v) は $x-y$ 面での流速であり，計算で求まる $r-\theta$ 面における流速 (V_r, V_θ) と

$$
\begin{aligned}
u =& V_r \cos\theta - V_\theta \sin\theta \\
v =& V_r \sin\theta + V_\theta \cos\theta
\end{aligned} \tag{2.24}
$$

の関係があります．なお，(V_r, V_θ) は流れ関数から

$$
V_r = \frac{1}{r}\frac{\partial\psi}{\partial\theta}, \quad V_\theta = \frac{\partial\psi}{\partial r} \tag{2.25}
$$

を使って計算できます．

以上の手続きをする部分が program 2-7 において，コメント文として「流速表示」と書かれた文より下の部分です．

次に流線を $r-\theta$ 面ではなく，$x-y$ 面で描くことを考えます．そのために $x-y$ 面における等間隔格子をつくり，各格子点での流れ関数の値を，計算で得られる $r-\theta$ 面の格子点での値から補間して求めると考えます．まず x 方向と y 方向の格子点の座標値を記憶する配列を用意します．格子点 (i, j) における座標値が $X(i)$ と $Y(j)$ であるとすれば，原点からの距離 r_a は $\{X(i)*X(i)+Y(j)*Y(j)\}^{1/2}$ であり，x 軸となす角度 θ_a は $\tan^{-1}\{Y(j)/X(i)\}$ から求めることができます．r_a を r 方向の格子幅 Δr で割れば，その整数部分（IA とします）が r 方向にどの格子点にあるかを示し，θ_a を $\Delta\theta$ で割れば，その整数部分が θ 方向にどの格子点にあるかを示します．小数部分は隣接した格子からの寄与（重み）を計算するときに用います．このような考え方を具体的にプログラムで書いたものが， program 2-7 においてコメント文として「円柱座標表示」と書かれた文の下の部分です．なお，このプログラムでは半径方向が不等間隔になっても使えるよう以下のように改良しています．すなわち，原

点から $r-\theta$ 面の格子点までの距離を配列 R に記憶し，$x-y$ 面での格子点の原点からの距離が R(IA) と R(IA+1) の間にあるとき，この IA が上記の IA になります．また $\tan^{-1}$ を計算するとき組み込み関数で求まった角度とそれに π を足したものは区別がつきません．そこでプログラムでは評価点がどの象限にあるかを判別してから角度を計算するようにしています．

Fig.2.8 に実行結果を示します．流れ関数の $r-\theta$ 面での等高線では流れの様子はつかみにくいですが，$x-y$ における表示では多少見やすくなっています．また散布図を応用したベクトル表示ではもう少しわかりやすくなっています．なお，散布図による流れのベクトル表示は 3 章以降で多用します．

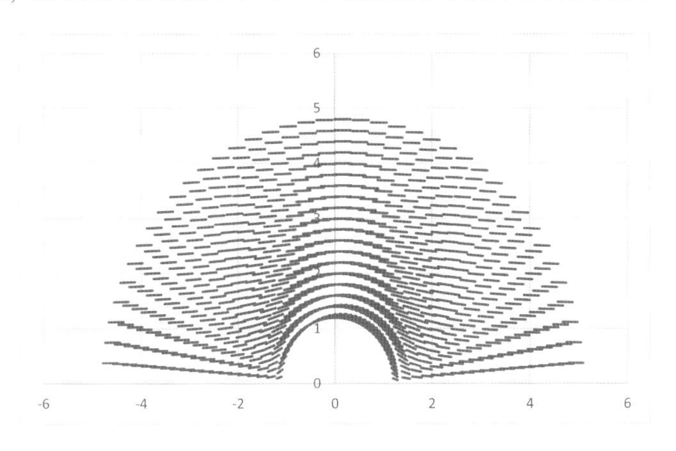

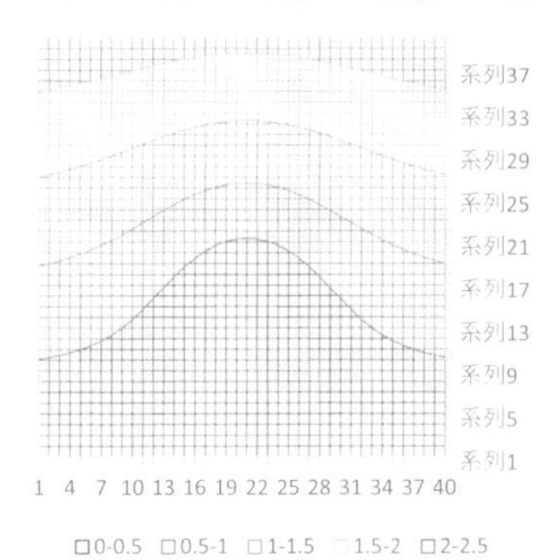

Fig.2.8

Chapter 3

2 次元流れの解析

3.1 流れ関数 – 渦度法によるキャビティ流れ

正方形キャビティ内流れとは正方形領域内に流体が満たされている状態で 1 辺だけを動かしとき領域内に起きる流れで，非常に単純な問題設定でありながら**ナビエ・ストークス方程式**の厳密解が知られていない流れです．本節では**流れ関数 – 渦度法**とよばれる方法を用いてこの問題を数値的に解くプログラムを示すことにします．基礎方程式は連続の式 (2.15) および x, y 方向の運動方程式

$$\frac{\partial u}{\partial t} + u\frac{\partial u}{\partial x} + v\frac{\partial u}{\partial y} = -\frac{\partial p}{\partial x} + \frac{1}{Re}\left(\frac{\partial^2 u}{\partial x^2} + \frac{\partial^2 u}{\partial y^2}\right) \tag{3.1}$$

$$\frac{\partial v}{\partial t} + u\frac{\partial v}{\partial x} + v\frac{\partial v}{\partial y} = -\frac{\partial p}{\partial y} + \frac{1}{Re}\left(\frac{\partial^2 v}{\partial x^2} + \frac{\partial^2 v}{\partial y^2}\right) \tag{3.2}$$

です．ただし，方程式は無次元化されており，(u, v) は (x, y) 方向の速度成分，p は圧力，Re は**レイノルズ数**です．式 (3.2) を x で微分した式から式 (3.1) を y で微分した式を引けば圧力が消去できます．その結果，

$$\frac{\partial \omega}{\partial t} + u\frac{\partial \omega}{\partial x} + v\frac{\partial \omega}{\partial y} = \frac{1}{Re}\left(\frac{\partial^2 \omega}{\partial x^2} + \frac{\partial^2 \omega}{\partial y^2}\right) \tag{3.2}$$

という式が (連続の式を使って) 得られます．ここで ω は渦度であり，式 (2.17) で定義されています．この式は**渦度輸送方程式**とよばれる移流拡散方程式になっています．

2.4 節で述べたように連続の式は流れ関数を使って自動的にみたされること，また流れ関数と渦度には式 (2.18) の関係があるため，式 (2.18) と式 (3.2) は閉じた方程式系になります．実際，式 (3.2) は流れ関数 ψ を用いれば

$$\frac{\partial \omega}{\partial t} + \frac{\partial \psi}{\partial y}\frac{\partial \omega}{\partial x} - \frac{\partial \psi}{\partial x}\frac{\partial \omega}{\partial y} = \frac{1}{Re}\left(\frac{\partial^2 \omega}{\partial x^2} + \frac{\partial^2 \omega}{\partial y^2}\right) \tag{3.3}$$

となるため，未知関数 ψ と ω に関する 2 つの方程式になります．この 2 つの方程式を用いて流れを求める方法を流れ関数－渦度法といいます．具体的な手続きは以下のようになります．

1. 前の時間ステップ（または初期条件）での ω を与えて流れ関数 ψ に関するポアソン方程式 (2.18) を解いて ψ を求める．
2. ω および上で求めた ψ を用いて，式 (3.3) から次の時間ステップの ω を求める．

この手続きを繰り返すことによって時間発展的に ψ と ω が求まります．

これらの方程式を解くためには境界条件を課す必要があります．キャビティ問題の場合，周囲は壁に囲まれており，壁面は流線になっています．したがって，壁面上で流れ関数は一定値をとります．この一定値は 4 つの辺で同じ値になります．もしそうでなければ角の部分で速度が無限大になるからです．方程式の形から流れ関数には定数の不定性があります．すなわち，C を定数とすれば ψ と $\psi + C$ は同じ方程式を満たします．このことから壁面上で $\psi = 0$ としても一般性は失わないためこの条件を用いることにします．

ω に対する境界条件は ψ に関する条件から式 (2.18) を利用して間接的に決めます．x 方向に速さ U で動いている壁を考えます．流体はこの壁より下側にあるとして，壁より 1 つ下にある格子点を P とすると，ここでの流れ関数 ψ_P は**テイラー展開**を用いて

$$\psi_P = \psi(y - \Delta y) = \psi - (\Delta y)\frac{\partial \psi}{\partial y} + \frac{(\Delta y)^2}{2}\frac{\partial^2 \psi}{\partial y^2}$$

と近似できます（Δy の 3 次より高次の項は小さいとして省略しています）．

ここで，最右辺第 2 項は $U\Delta y$ であり，またこの壁面上では $\partial^2\psi/\partial x^2$ が 0 であるため，最右辺第 3 項は

$$\frac{(\Delta y)^2}{2}\frac{\partial^2 \psi}{\partial y^2} = \frac{(\Delta y)^2}{2}\left(\frac{\partial^2 \psi}{\partial x^2} + \frac{\partial^2 \psi}{\partial y^2}\right) = -\frac{\omega(\Delta y)^2}{2}$$

とみなせます．以上をまとめるとこの壁面上の渦度 ω は

$$\omega = -\frac{\psi_P + U\Delta y}{(\Delta y)^2} \tag{3.4}$$

にとるべきであることがわかります．反対側の壁は上式で $U = 0$ にしたもの，左右の壁も $U = 0$ として，Δy を Δx で置きかえたものになります．

流れ関数のポアソン方程式は式 (2.14) で u を ψ，Q を ω とみなせば解けます．また，渦度輸送方程式を解く部分は，式 (2.12) で u を ω とみなし，$c_x = \partial\psi/\partial y$，$c_y = -\partial\psi/\partial x$ とみなせば同じにものになるため，program 2-3 が利用できます．

以上のことをそのままプログラム化したものが program 3-1 です．１辺１の正方形領域で上の壁を速さ 1 で動かしています．MX,MY は x, y 方向の格子数でそれぞれ 20，レイノルズ数 RE は 40 としています．時間刻み DT は 0.01 でステップ数は 200 です．またポアソン方程式の最大反復回数 IMAX は 50 であり，すべての格子での反復前後の値の差の絶対値を足し合わせた値が EPS(= 0.0001) より小さくなった時点でポアソン方程式が収束したとみなしています．初期には流れが静止しているとして流れ関数 PSI と渦度 OMG は 0 としています．

境界における渦度は時間進行ともに変化するため時間進行のループ内に入れてありますが，流れ関数は常に境界で 0 であるため初期条件で代用しています．

渦度輸送方程式を解く部分は式が長くなるため，項ごとに計算して最後に足し合わせています．新しい時間での OMG をいったん別の配列 TMP に記憶しておき，すべての格子点で計算が終わった時点で TMP の内容を OMG コピーしています．

最終時間ステップでの流れ関数と渦度がセルに出力されます．表で上が動く壁になるように行と列を入れ替えて出力しています．流れ関数の定義式 (2.16) から速度成分 (u, v) が計算できるため，このプログラムでは速度ベクトルの表示もおこなっています．

Fig.3.1 にこのプログラムの実行結果を示します．

program 3-1

```
' キャビティ内流れ：流れ関数－渦度法
Sub cavity()
  Dim PSI(50, 50), OMG(50, 50), TMP(50, 50)
  Cells.Clear
  MX = 20: MY = 20
  RE = 40
  DT = 0.01
```

```
NMAX = 200
IMAX = 50
EPS = 0.00001
DX = 1# / MX
DY = 1# / MY
'初期条件
For K = 0 To MY
  For J = 0 To MX
    PSI(J, K) = 0#
    OMG(J, K) = 0#
  Next J
Next K
'時間進行
For N = 0 To NMAX
  '境界条件（渦度）
  For K = 0 To MY
    OMG(0, K) = -2# * PSI(1, K) / (DX * DX)
    OMG(MX, K) = -2# * PSI(MX - 1, K) / (DX * DX)
  Next K
  For J = 0 To MX
    OMG(J, 0) = -2# * PSI(J, 1) / (DY * DY)
    OMG(J, MY) = -2# * (PSI(J, MY - 1) + DY) / (DY * DY)
  Next J
  'ポアソン方程式
  AA = 2# / (DX * DX) + 2# / (DY * DY)
  For I = 1 To IMAX
    EA = 0#
    For K = 1 To MY - 1
      For J = 1 To MX - 1
        PP = PSI(J, K)
        PSI(J, K) = ((PSI(J + 1, K) + PSI(J - 1, K)) / (DX * DX) _
                  + (PSI(J, K + 1) + PSI(J, K - 1)) / (DY * DY) _
                  + OMG(J, K)) / AA
        EA = EA + Abs(PSI(J, K) - PP)
      Next J
    Next K
    If EA < EPS Then Exit For
  Next I
  '渦度輸送方程式
  For K = 1 To MY - 1
    For J = 1 To MX - 1
      R1 = (PSI(J, K + 1) - PSI(J, K - 1)) _
         * (OMG(J + 1, K) - OMG(J - 1, K)) / (4# * DX * DY)
      R2 = (PSI(J + 1, K) - PSI(J - 1, K)) _
         * (OMG(J, K + 1) - OMG(J, K - 1)) / (4# * DX * DY)
      OXX = (OMG(J + 1, K) - 2# * OMG(J, K) + OMG(J - 1, K)) _
          / (DX * DX)
      OYY = (OMG(J, K + 1) - 2# * OMG(J, K) + OMG(J, K - 1)) _
          / (DY * DY)
      TMP(J, K) = OMG(J, K) + DT * (-R1 + R2 + (OXX + OYY) / RE)
    Next J
  Next K
  For K = 1 To MY - 1
    For J = 1 To MX - 1
      OMG(J, K) = TMP(J, K)
    Next J
  Next K
Next N
'出力
For K = 0 To MY
  For J = 0 To MX
```

```
      Cells(K + 1, J + 1) = PSI(J, K)
    Next J
  Next K
  For K = 0 To MY
    For J = 0 To MX
      Cells(K + 1 + MY + 2, J + 1) = OMG(J, K)
    Next J
  Next K
End Sub
```

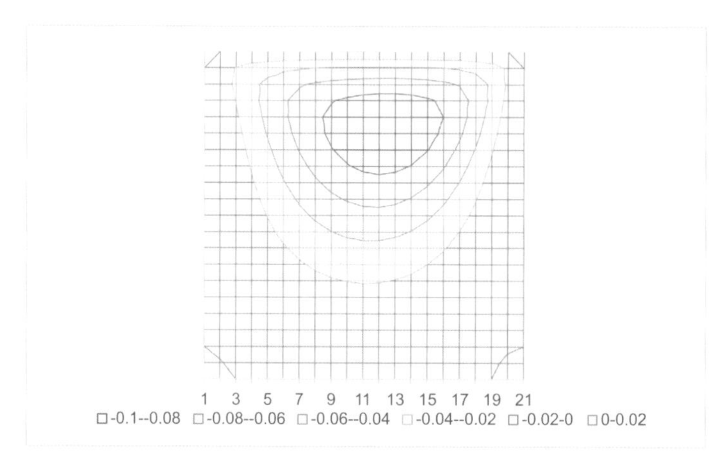

Fig.3.1

3.2　円柱まわりの流れ

極座標を用いた流れの解析の例として本節では**円柱まわりの流れ**を解くプログラムを示します．なお，レイノルズ数はあまり大きくなく流れに垂直に上下対称性が成り立つとして半分の領域で解くことにします．基礎方程式は極座標で表現されたポアソン方程式と渦度輸送方程式を用いますが，半径方向にはさらに座標変換 $r = e^{\xi}$ を行います．この変換によって ξ 方向に等間隔格子を用いることは，r 方向には円柱近くでは密集し，円柱から離れると幅が広くなる格子になります．まとめると変換

$$x = e^{\xi}\cos\theta, \quad y = e^{\xi}\sin\theta \tag{3.5}$$

によって式 (2.18) と式 (3.2) を $\xi - \theta$ 面で表現します．このとき

$$\frac{\partial^2 \psi}{\partial \xi^2} + \frac{\partial^2 \psi}{\partial \theta^2} = -e^{2\xi}\omega_z \tag{3.6}$$

$$\frac{\partial \omega}{\partial t} = e^{-2\xi}\left(\frac{\partial \psi}{\partial \xi}\frac{\partial \omega}{\partial \theta} - \frac{\partial \psi}{\partial \theta}\frac{\partial \omega}{\partial \xi}\right) + \frac{e^{-2\xi}}{Re}\left(\frac{\partial^2 \omega}{\partial x^2} + \frac{\partial^2 \omega}{\partial y^2}\right) \tag{3.7}$$

となります．極座標での速度成分 (v_r, v_θ) は流れ関数から

$$v_r = e^{-\xi}\frac{\partial \psi}{\partial \theta}, \quad v_\theta = -e^{-\xi}\frac{\partial \psi}{\partial \xi} \tag{3.8}$$

を用いて計算できます．

境界条件は流れ関数に対しては対称線と円柱上で $\psi = 0$，遠方で $\psi = y = e^{\xi}\sin\theta$ であり，渦度については遠方と対称線上で $\omega = 0$ で，円柱上で $\omega = -2\psi_P/(\Delta\xi)^2$ となります．ただし P は円柱から 1 つ外側の格子点を示しています．以上のことを考慮したプログラムが program 3-2 です．なお，このプログラムでは 30 ステップまで徐々に流れを速くして 30 ステップ以降は一定値になるようにしています．

program 3-2

```
Sub POCIR()
  Dim PSI(51, 51), OMG(51, 51), TMP(51, 51)
  Dim X(51), Y(51), R(51)
  Cells.Clear
  NX = 41: NY = 21
  RE = 80
  DT = 0.01
  DY = 0.1
  NMAX = 400
  KK = 40
  EPS = 0.01
  CONST1 = 1#
  Pai = Atn(1#) * 4#
  DX = Pai / (NX - 1)
  DXI = 1# / DX
  DYI = 1# / DY
  DX2 = DXI * DXI
  DY2 = DYI * DYI
  FCT = 1# / (2# * DX2 + 2# * DY2)
  For J = 1 To NY
    For I = 1 To NX
      PSI(I, J) = Exp((J - 1) * DY) * Sin(DX * (I - 1))
      OMG(I, J) = 0#
    Next I
  Next J
  ' MAIN LOOP
  For N = 1 To NMAX
    FFF = (N - 1) / 30#
    If FFF > 1# Then FFF = 1#
```

```
    ' BOUNDARY CONDITION (STEP1)
    ' ON THE CYLINDER
    For I = 1 To NX
      OMG(I, 1) = -2# * PSI(I, 2) * DYI * DYI * FFF
      PSI(I, 1) = 0#
    Next I
    ' ON THE FAR BOUNDARY
    For I = 1 To NX
      PSI(I, NY) = Exp((NY - 1) * DY) * Sin(DX * (I - 1))
      OMG(I, NY) = 0#
    Next I
    ' ALONG THE SYMMETRY LINE
    For J = 1 To NY
      PSI(1, J) = 0#
      OMG(1, J) = 0#
      PSI(MX, J) = 0#
      OMG(MX, J) = 0#
    Next J
    ' SOLVE POISSON EQUATION FOR PSI (STEP2)
    FCT = 1# / (2# / DX ^ 2 + 2# / DY ^ 2)
    For K = 1 To KK
      EAA = 0#
      For J = 2 To NY - 1
        For I = 2 To NX - 1
          RHS = (PSI(I + 1, J) + PSI(I - 1, J)) / DX ^ 2 _
              + (PSI(I, J + 1) + PSI(I, J - 1)) / DY ^ 2
          PPP = (RHS + OMG(I, J) * Exp(2# * (J - 1) * DY)) * FCT
          EAA = EAA + (PPP - PSI(I, J)) ^ 2
          PSI(I, J) = PPP
        Next I
      Next J
      If EAA < 0.00001 Then Exit For
    Next K
    ' CALCULATE NEW OMEGA (STEP3)
    For J = 2 To NY - 1
      For I = 2 To NX - 1
        VXX = (OMG(I + 1, J) - 2# * OMG(I, J) + OMG(I - 1, J)) * DX2
        VYY = (OMG(I, J + 1) - 2# * OMG(I, J) + OMG(I, J - 1)) * DY2
        RX = (PSI(I + 1, J) - PSI(I - 1, J)) * (OMG(I, J + 1) _
           - OMG(I, J - 1))
        RY = (PSI(I, J + 1) - PSI(I, J - 1)) * (OMG(I + 1, J) _
           - OMG(I - 1, J))
        RHS = (RX - RY) / (DX * DY * 4#) + (VXX + VYY) / RE
        TMP(I, J) = OMG(I, J) + DT * RHS * Exp(-2# * (J - 1) * DY)
      Next I
    Next J
    For J = 2 To NY - 1
      For I = 2 To NX - 1
        OMG(I, J) = TMP(I, J)
      Next I
    Next J
  Next N
  ' OUTPUT
  For J = 1 To NY
    For I = 1 To NX
      Cells(I, J + 3) = PSI(I, J)
    Next I
  Next J
  FCTV = 0.4
  FCT2 = FCTV / 2
  JJ = 1
  TET = 12.5 * 3.141592 / 180
```

```
For J = 1 To NY - 3
  For I = 1 To NX - 1 Step 2
    XG = Exp((J - 1) * DY) * Cos(DX * (I - 1))
    YG = Exp((J - 1) * DY) * Sin(DX * (I - 1))
    UR = Exp(-(J - 1) * DY) * (PSI(I + 1, J) - PSI(I - 1, J)) _
       / (2# * DX)
    UT = -Exp(-(J - 1) * DY) * (PSI(I, J + 1) - PSI(I, J - 1)) _
       / (2# * DY)
    UU = UR * Cos(DX * (I - 1)) - UT * Sin(DX * (I - 1))
    VV = UR * Sin(DX * (I - 1)) + UT * Cos(DX * (I - 1))
    XG1 = XG - UU * FCTV
    YG1 = YG - VV * FCTV
    AL = Sqr((XG - XG1) ^ 2 + (YG - YG1) ^ 2)
    If AL > 0.000001 Then
      XG2 = XG1 + ((XG - XG1) * Cos(TET) + (YG - YG1) * Sin(TET)) _
          / AL * FCT2
      YG2 = YG1 + ((YG - YG1) * Cos(TET) - (XG - XG1) * Sin(TET)) _
          / AL * FCT2
      XG3 = XG1 + ((XG - XG1) * Cos(TET) - (YG - YG1) * Sin(TET)) _
          / AL * FCT2
      YG3 = YG1 + ((YG - YG1) * Cos(TET) + (XG - XG1) * Sin(TET)) _
          / AL * FCT2
      Cells(JJ, 1) = XG
      Cells(JJ, 2) = YG
      Cells(JJ + 1, 1) = XG1
      Cells(JJ + 1, 2) = YG1
      Cells(JJ + 2, 1) = XG2
      Cells(JJ + 2, 2) = YG2
      Cells(JJ + 3, 1) = XG1
      Cells(JJ + 3, 2) = YG1
      Cells(JJ + 4, 1) = XG3
      Cells(JJ + 4, 2) = YG3
      JJ = JJ + 6
    End If
  Next I
Next J
DS = DX
DY = 0.1
MX = 40
MY = 20
ROUT = 2.5
For J = 1 To NY
  R(J) = Exp((J - 1) * DY)
Next J
For I = 0 To MX
  X(I) = -ROUT + 2# * ROUT * I / MX + 0.0001
Next I
For J = 0 To MY
  Y(J) = ROUT * J / MY
Next J
For J = 0 To MY - 1
  For I = 0 To MX - 1
    RA = Sqr(X(I) * X(I) + Y(J) * Y(J))
    DH = 0
    For JA = 0 To NY - 1
      DR = R(JA + 1) - R(JA)
      If RA >= R(JA) And RA <= R(JA + 1) Then
        JJ = JA
        DH = RA - R(JA)
        Exit For
      End If
    Next JA
```

```
      If X(I) > 0 And Y(J) >= 0 _
        Then TA = Atn(Y(J) / X(I))
      If X(I) < 0 And Y(J) >= 0 _
        Then TA = Pai - Atn(Y(J) / (-X(I)))
      If X(I) < 0 And Y(J) < 0 _
        Then TA = Atn(Y(J) / X(I)) + Pai
      If X(I) > 0 And Y(J) < 0 _
        Then TA = 2# * Pai - Atn((-Y(J)) / X(I))
      If X(I) = 0 And Y(J) > 0 Then TA = Pai / 2#
      If X(I) = 0 And Y(J) < 0 Then TA = 3# * Pai / 2#
      ii = Int(TA / DS)
      DX = TA - ii * DS
      F1 = (DR - DH) * (DS - DX): F2 = DH * (DS - DX)
      F3 = (DR - DH) * DX: F4 = DH * DX
      UA = PSI(ii, JJ) * F1 + PSI(ii + 1, JJ) * F2 + PSI(ii, JJ + 1) _
         * F3 + PSI(ii + 1, JJ + 1) * F4
      TMP(I, J) = PSI(ii, JJ)
      If RA < 1# Then TMP(I, J) = 0
      Cells(I + NX + 3, J + 1 + 3) = 100 * ii + JJ
    Next I
  Next J
  For J = 0 To MY
    For I = 0 To MX
      Cells(I + 2 * NX + 5, J + 1 + 3) = TMP(I, J)
    Next I
  Next J
End Sub
```

このプログラムの構造は program 3-1 と全く同じで，式 (2.18)，(3.12) を用いたところを式 (3.6)，(3.7) で置き換えます．境界条件も上記に合わせます．極座標での計算なので，2.4 節で述べた速度ベクトルの表示が適切であり，そのとき program 2-7 の速度表示が利用できます．

Fig.3.2 が実行結果です．

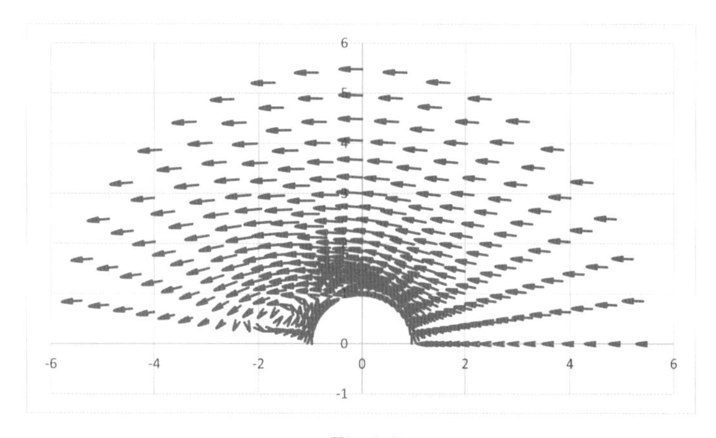

Fig.3.2

3.3 フラクショナル・ステップ法によるキャビティ流れ

流れ関数－渦度法には連続の式が厳密に満たされるという大きな利点があります．その反面，2次元流れに適用が限られることや，多重連結領域（たとえばキャビティの中に孤立した障害物ある場合など）に対して適用が困難であるという欠点があります．後者では障害物上で流れ関数が一定値をとりますが，具体的な値を決めることが容易でないからです．

こういった欠点をカバーする方法がMAC法や本節で述べる**フラクショナルステップ法（FS法）**です．この両者の基本は同じであり，ナビエ・ストークス方程式を直接，圧力と速度について解きます．これらの方法は3次元流れや多重連結領域の流れに対して問題なく適用できますが，連続の式が近似的にしか満足されないという欠点があります．本節ではFS法を用いて，正方形キャビティ流れやキャビティ内に障害物がある流れを解くプログラムを示します．

基礎方程式としてベクトル形のナビエ・ストークス方程式

$$\frac{\partial \vec{v}}{\partial t} + (\vec{v} \cdot \nabla)\vec{v} = -\nabla p + \frac{1}{Re}\triangle \vec{v} \tag{3.9}$$

を用います．この方程式の時間微分をオイラー陽解法で近似して，次の時間ステップ $n+1$ の速度について解くと

$$\vec{v}^{n+1} = \vec{v} + \Delta t \left\{ -(\vec{v} \cdot \nabla)\vec{v} - \nabla p + \frac{1}{Re}\triangle \vec{v} \right\} \tag{3.10}$$

となります．ただし時間ステップ n は省略しています．次に，式(3.5)で圧力項をなくした方程式をオイラー陽解法で近似すると

$$\vec{v}^{*} = \vec{v} + \Delta t \left\{ -(\vec{v} \cdot \nabla)\vec{v} + \frac{1}{Re}\triangle \vec{v} \right\} \tag{3.11}$$

となります．左辺は圧力項のない方程式から得られた速度で仮速度とよばれます．式(3.11)から式(3.10)を引くと

$$\vec{v}^{*} - \vec{v}^{n+1} = \Delta t \nabla p \tag{3.12}$$

となりますが，この式の両辺の発散をとり，連続の式から $\nabla\cdot\vec{v}^{n+1}=0$ となること，および $\nabla\cdot\nabla=\triangle$ を用いれば圧力に対するポアソン方程式

$$\triangle p=(\nabla\cdot\vec{v}^*)/\Delta t \tag{3.13}$$

が得られます．これを解いて圧力が求まれば，式 (3.12) から得られる

$$\vec{v}^{n+1}=\vec{v}^*-\Delta t\nabla p \tag{3.14}$$

を用いて次の時間ステップの速度が求まります．

まとめれば，FS 法では n ステップの $\vec{v}^n$ を用いて式 (3.11) から仮速度 $\vec{v}^*$ を求め，次に式 (3.13) から圧力を求め，そして式 (3.14) から次の時間ステップの速度 $\vec{v}^{n+1}$ を求めます．

式 (3.11)，(3.13)，(3.14) は 2 次元の場合，仮速度を上添え字 * で表すと

$$u^*=u+\Delta t\left\{-u\frac{\partial u}{\partial x}-v\frac{\partial u}{\partial y}+\frac{1}{Re}\left(\frac{\partial^2 u}{\partial x^2}+\frac{\partial^2 u}{\partial y^2}\right)\right\} \tag{3.15}$$

$$v^*=v+\Delta t\left\{-u\frac{\partial v}{\partial x}-v\frac{\partial v}{\partial y}+\frac{1}{Re}\left(\frac{\partial^2 v}{\partial x^2}+\frac{\partial^2 v}{\partial y^2}\right)\right\} \tag{3.16}$$

$$\frac{\partial^2 p}{\partial x^2}+\frac{\partial^2 p}{\partial y^2}=\frac{1}{\Delta t}\left(\frac{\partial u^*}{\partial x}+\frac{\partial v^*}{\partial y}\right) \tag{3.17}$$

$$u^{n+1}=u^*-\Delta t\frac{\partial p}{\partial x} \tag{3.18}$$

$$v^{n+1}=v^*-\Delta t\frac{\partial p}{\partial y} \tag{3.19}$$

となります．ただし，時間ステップ n での値については上添え字を省略しています．これらの式をプログラムに使う形で中心差分で差分化して表現すると

$$\begin{aligned}
u^*_{j,k}=&u_{j,k}+\Delta t\left\{-u_{j,k}\frac{u_{j+1,k}-u_{j-1,k}}{2\Delta x}-v_{j,k}\frac{u_{j,k+1}-u_{j,k-1}}{2\Delta y}\right.\\
&\left.+\frac{1}{Re}\left(\frac{u_{j-1,k}-2u_{i,j}+u_{j+1,k}}{(\Delta x)^2}+\frac{u_{j,k-1}-2u_{j,k}+u_{j,k+1}}{(\Delta y)^2}\right)\right\}\\
v^*_{j,k}=&v_{j,k}+\Delta t\left\{-u_{j,k}\frac{v_{j+1,k}-v_{j-1,k}}{2\Delta x}-v_{j,k}\frac{v_{j,k+1}-v_{j,k-1}}{2\Delta y}\right.\\
&\left.+\frac{1}{Re}\left(\frac{v_{j-1,k}-2v_{i,j}+v_{j+1,k}}{(\Delta x)^2}+\frac{v_{j,k-1}-2v_{j,k}+v_{j,k+1}}{(\Delta y)^2}\right)\right\}
\end{aligned} \tag{3.20}$$

$$Q_{j,k} = \frac{1}{\Delta t}\left(\frac{u^*_{j+1,k} - u^*_{j-1,k}}{2\Delta x} + \frac{v^*_{j,k+1} - v^*_{j,k-1}}{2\Delta y}\right) \tag{3.21}$$

$$\frac{p_{j-1,k} - 2p_{i,j} + p_{j+1,k}}{(\Delta x)^2} + \frac{p_{j,k-1} - 2p_{j,k} + p_{j,k+1}}{(\Delta y)^2} = Q_{j,k} \tag{3.21}$$

$$u^{n+1}_{j,k} = u^*_{j,k} - \Delta t\left(\frac{p_{j+1,k} - p_{j-1,k}}{2\Delta x}\right)$$

$$v^{n+1}_{j,k} = v^*_{j,k} - \Delta t\left(\frac{p_{j,k+1} - p_{j,k-1}}{2\Delta y}\right) \tag{3.22}$$

となります．これは u, v, p の値を同じ格子点で評価する**通常格子**による表現ですが，それぞれ半格子ずらせて定義する**スタガード格子**を用いることもあります．

境界条件として粘性をもつ流体では壁面と流体の間には相対速度がないという粘着条件を用います．したがって，キャビティ問題では３つの壁の上では $u = v = 0$ であり，また x 方向に速さ 1 で動く壁では $u = 1, v = 0$ とします．仮速度に対しては境界上では通常の速度と同じにとります．

圧力に関しては，ナビエ・ストークス方程式が壁面上でも成り立つとして速度の条件から決めるか，より簡単には壁に垂直方向の圧力勾配がない（たとえば x 方向を向いた壁では $\partial p/\partial y = 0$）とします．これは壁面の圧力と１格子流体側にある格子点の圧力を等しくとることに対応します．なお，圧力を反復計算で求める場合，１回の反復ごとに値が変化することに注意する必要があります．そのため，圧力の境界条件は反復のループの中に入れる必要があります．このようにすることにより，反復が収束した段階で境界条件も満たされています．また圧力は方程式に微分の形で現れるため，定数の不定性があることにも注意が必要です．そこで，領域内の固定された１点での圧力を基準として，その値との差を計算での圧力とみなします．管に圧力差を与えて流れ生じさせるような問題では管の入口と出口の圧力を直接与えることになるため，反復のループの外側でその値を与えることになります．

領域内に固定された障害物がある場合には，流体は障害物の中に入り込めないため，障害物に含まれる格子点において速度を強制的に 0 にします．このようにすると，圧力に対して特になにもしなくても圧力に対する境界条件も近似的に満たされます．この手続きを**マスク**をかけるといいます．実際のプログラムでは障害物の有無を表す配列（たとえば MSK）を用意し，障害物のある格子点で 0 の値を，それ以外の格子点で 1 の値を入れておきます．時間ステップごとに速度が更新されますが，更新する部分でこの配列を速度に掛け算すれば障害物を表現できたことになります．

program 3-3 は正方形キャビティ問題を，領域内に障害物がある場合を含めて解くプログラムです．パラメータは流れ関数－渦度法と同じです． program 3-1 と似た構造で，まず計算に用いるデータを定義したあとで，初期条件として速度や圧力の与えます（今の場合はすべて 0)．同時にマスクの値も与えます．このプログラムでは障害物を，1 辺の長さがキャビティの 1/4 の長さをもつ正方形とし，キャビティの中心が障害物の左下と一致し，4 辺がキャビティの 4 辺と平行であるとしています．次に速度と仮速度の境界条件を与えたあと，時間のループが始まります．はじめに式 (3.20) から各格子点で仮速度を求めます．この仮速度から式 (3.21) を用いて圧力のポアソン方程式の右辺 Q を計算します．そのあとガウス・ザイデル法を用いて圧力の反復計算を行います．前述のとおり，反復のループ内に境界条件が入っていることを除けば，流れ関数－渦度法の流れ関数を圧力，渦度を Q とみなしたものと一致します．圧力が求まれば式 (3.22) から仮速度と圧力を用いて次の時間ステップの速度が求まります．この手続きをあらかじめ指定したステップ数繰り返したあと，結果を出力します．このプログラムでは速度ベクトル（エクセルの表の 1，2 列目）と圧力（エクセルの表の 4 列目以降）が出力されます．

program 3-3

```
' 正方形キャビティ流れ：フラクショナル・ステップ法
Sub cavity()
  Dim U(40, 40), UT(40, 40), V(40, 40), VT(40, 40)
  Dim P(40, 40), Q(40, 40), MSK(40, 40)
  Cells.Clear
  ' パラメータの入力
  MX = 20: MY = 20
  RE = 40
  DT = 0.01
  NMAX = 200
  IMAX = 50
  EPS = 0.00001
  DX = 1# / MX
  DY = 1# / MY
  DXD = 2# * DX
  DYD = 2# * DY
  DX2 = DX * DX
  DY2 = DY * DY
  ' 初期条件
  For K = 0 To MY
```

```
  For J = 0 To MX
    U(J, K) = 0#
    V(J, K) = 0#
    P(J, K) = 0#
    MSK(J, K) = 1#
  Next J
Next K
For K = MY / 2 To 3 * MY / 4
  For J = MX / 2 To 3 * MX / 4
    MSK(J, K) = 0#
  Next J
Next K
' MAIN LOOP
For N = 0 To NMAX
  '境界条件（流速）
  For J = 0 To MX
    U(J, 0) = 0#
    UT(J, 0) = U(J, 0)
    V(J, 0) = 0#
    VT(J, 0) = V(J, 0)
    U(J, MY) = 1#
    UT(J, MY) = U(J, MY)
    V(J, MY) = 0#
    VT(J, MY) = V(J, MY)
  Next J
  For K = 0 To MY
    U(0, K) = 0#
    UT(0, K) = U(0, K)
    V(0, K) = 0#
    VT(0, K) = V(0, K)
    U(MX, K) = 0#
    UT(MX, K) = U(MX, K)
    V(MX, K) = 0#
    VT(MX, K) = V(MX, K)
  Next K
  '仮速度の計算
  For K = 1 To MY - 1
    For J = 1 To MX - 1
      RX = U(J, K) * (U(J + 1, K) - U(J - 1, K)) / DXD + V(J, K) _
         * (U(J, K + 1) - U(J, K - 1)) / DYD
      RY = U(J, K) * (V(J + 1, K) - V(J - 1, K)) / DXD + V(J, K) _
         * (V(J, K + 1) - V(J, K - 1)) / DYD
      UXX = (U(J + 1, K) - 2# * U(J, K) + U(J - 1, K)) / DX2
      UYY = (U(J, K + 1) - 2# * U(J, K) + U(J, K - 1)) / DY2
      VXX = (V(J + 1, K) - 2# * V(J, K) + V(J - 1, K)) / DX2
      VYY = (V(J, K + 1) - 2# * V(J, K) + V(J, K - 1)) / DY2
      UT(J, K) = U(J, K) + DT * (-RX + (UXX + UYY) / RE)
      VT(J, K) = V(J, K) + DT * (-RY + (VXX + VYY) / RE)
    Next J
  Next K
  'ポアソン方程式の右辺
  For K = 1 To MY - 1
    For J = 1 To MX - 1
      Q(J, K) = ((UT(J + 1, K) - UT(J - 1, K)) / DXD _
              + (VT(J, K + 1) - VT(J, K - 1)) / DYD) / DT
    Next J
  Next K
  PBASE = P(1, 1)
  For K = 0 To MY
    For J = 0 To MX
      P(J, K) = P(J, K) - PBASE
    Next J
  Next K
  'ポアソン方程式を解く（ガウス・ザイデル法）
```

```
    For I = 1 To IMAX
      For K = 0 To MY
        P(0, K) = P(1, K)
        P(MX, K) = P(MX - 1, K)
      Next K
      For J = 0 To MX
        P(J, 0) = P(J, 1)
        P(J, MY) = P(J, MY - 1)
      Next J
      For K = 1 To MY - 1
        For J = 1 To MX - 1
          P1 = P(J, K)
          PPP = (P(J + 1, K) + P(J - 1, K)) / DX2 _
              + (P(J, K + 1) + P(J, K - 1)) / DY2 - Q(J, K)
          P(J, K) = PPP / (2# / DX2 + 2# / DY2)
          EA = EA + Abs(P(J, K) - P1)
        Next J
      Next K
      If EA < EPS Then Exit For
    Next I
    '新しい時間での速度
    For K = 1 To MY - 1
      For J = 1 To MX - 1
        U(J, K) = UT(J, K) - DT * (P(J + 1, K) - P(J - 1, K)) / DXD
        V(J, K) = VT(J, K) - DT * (P(J, K + 1) - P(J, K - 1)) / DYD
      Next J
    Next K
    For K = 1 To MY - 1
      For J = 1 To MX - 1
        U(J, K) = U(J, K) * MSK(J, K)
        V(J, K) = V(J, K) * MSK(J, K)
      Next J
    Next K
  Next N
  '表示（流速ベクトル）
  FCTV = 0.25
  FCT2 = 0.02
  II = 1
  TET = 15 * 3.141592 / 180
  For J = 1 To MY - 1
    For I = 1 To MX - 1
      XG = DX * I
      YG = DY * J
      UA = U(I, J)
      VA = V(I, J)
      XG1 = XG + UA * FCTV
      YG1 = YG + VA * FCTV
      AL = Sqr((XG - XG1) ^ 2 + (YG - YG1) ^ 2)
      If AL > 0.000001 Then
        XG2 = XG1 + ((XG - XG1) * Cos(TET) + (YG - YG1) * Sin(TET)) _
            / AL * FCT2
        YG2 = YG1 + ((YG - YG1) * Cos(TET) - (XG - XG1) * Sin(TET)) _
            / AL * FCT2
        XG3 = XG1 + ((XG - XG1) * Cos(TET) - (YG - YG1) * Sin(TET)) _
            / AL * FCT2
        YG3 = YG1 + ((YG - YG1) * Cos(TET) + (XG - XG1) * Sin(TET)) _
            / AL * FCT2
        Cells(II, 1) = XG
        Cells(II, 2) = YG
        Cells(II + 1, 1) = XG1
        Cells(II + 1, 2) = YG1
        Cells(II + 2, 1) = XG2
        Cells(II + 2, 2) = YG2
        Cells(II + 3, 1) = XG1
        Cells(II + 3, 2) = YG1
```

```
        Cells(II + 4, 1) = XG3
        Cells(II + 4, 2) = YG3
        II = II + 6
      End If
    Next I
  Next J
  ' 表示（等圧線）
  For K = 0 To MY
    For J = 0 To MX
      Cells(K + 1, J + 4) = P(J, K)
    Next J
  Next K
End Sub
```

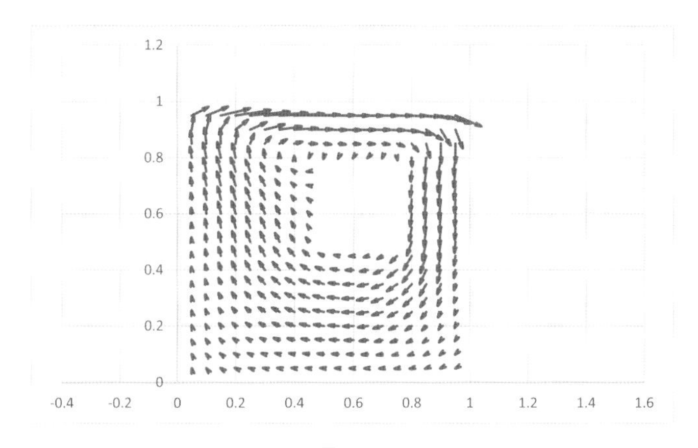

Fig.3.3

Fig.3.3 が実行結果ですが, 比較のため Fig.3.3a に障害物がないとき（program 3-3 でマスクをすべて 1 にしたもの）の実行結果も示します.

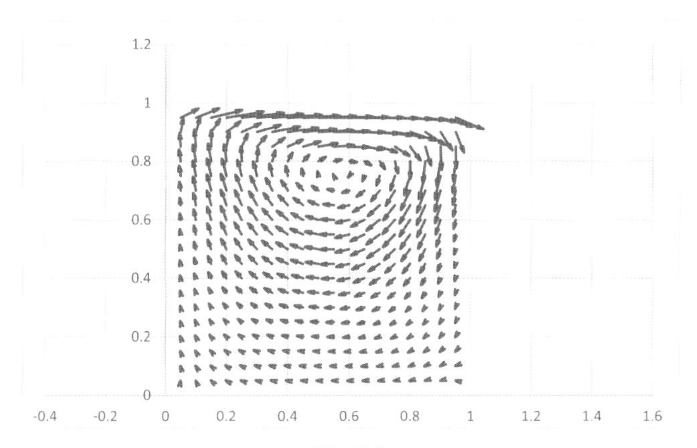

Fig.3.3a

Chapter 4

不規則な領域での２次元流れ

4.1　一般座標変換と格子生成

３章では２次元流れの解析の基本を述べましたが，長方形領域（デカルト座標）や円形領域（極座標）での流れに限りました．現実問題を考える場合，流れの領域が不規則な形状をしているのが普通です．このような場合も**一般座標変換**を用いることにより長方形領域に写像することが可能で，差分法が適用できます．注意すべき点は数値計算を行う場合は最終的には変換関数が式の形で与えられている必要がないということです．しかし，変換式を求める場合，形は不明であっても変換が

$$\xi = \xi(x, y), \quad \eta = \eta(x, y) \tag{4.1}$$

あるいはこれらを逆に解いた

$$x = x(\xi, \eta), \quad y = y(\xi, \eta) \tag{4.2}$$

が与えられているとします．流体の方程式には１階微分と２階微分（ラプラシアン）が現れます．これらは変換 (4.1) によって

$$f_x = \xi_x f_\xi + \eta_x f_\eta, \quad f_y = \xi_y f_\xi + \eta_y f_\eta \tag{4.3}$$

$$\triangle f = C_1 f_{\xi\xi} + C_2 f_{\xi\eta} + C_3 f_{\eta\eta} + C_4 f_\xi + C_5 f_\eta \tag{4.4}$$

と変換されます．ただし

$$C_1 = \xi_x^2 + \xi_y^2, \quad C_2 = 2(\xi_x \eta_x + \xi_y \eta_y), \quad C_3 = \eta_x^2 + \eta_y^2$$
$$C_4 = \xi_{xx} + \xi_{yy}, \quad C_5 = \eta_{xx} + \eta_{yy} \tag{4.5}$$

です．これらの変換式を使うとき，格子分割して計算を行うのは (ξ, η) 面であることに注意が必要です．すなわち，変換は式 (4.2) の形で与えられます．こ

のとき

$$\xi_x = y_\eta/J, \ \ ,\xi_y = -x_\eta/J, \ \ \eta_x = -y_\xi/J, \ \ \eta_y = x_\xi/J \tag{4.6}$$

$$C_1 = (x_\eta^2 + y_\eta^2)/J^2, \ \ C_2 = -2(x_\xi x_\eta + y_\xi y_\eta)/J^2, \ \ C_3 = (x_\xi^2 + y_\xi^2)/J^2$$
$$C_4 = (Ax_\eta - By_\eta)/J, \ \ C_5 = (Ay_\xi - Bx_\xi)/J \tag{4.7}$$

ただし

$$J = x_\xi y_\eta - x_\eta y_\xi$$
$$A = C_1 x_{\xi\xi} + C_2 x_{\xi\eta} + C_3 x_{\eta\eta}, \ \ B = C_1 y_{\xi\xi} + C_2 y_{\xi\eta} + C_3 y_{\eta\eta} \tag{4.8}$$

とおいています．

式 (4.6)〜(4.8) を用いて変換式に現れる係数を計算するとき，それぞれの数値が必要になります．そのとき，たとえば

$$x_\xi = \frac{x_{j+1,k} - x_{j-1,k}}{2\Delta\xi}, \quad y_\eta = \frac{y_{j,k+1} - y_{j,k-1}}{2\Delta\eta}$$

などを計算しますが，もとの領域（解くべき偏微分方程式が与えられた領域）における各格子点の (x, y) 座標の数値を使います．いいかえればもとの領域に何らかの方法で曲線の格子を作って，その交点（格子点）の数値がわかれば，式 (4.3) や式 (4.4) に現れる係数の格子点における数値が計算できます．

この最後の操作，すなわち与えられた不規則な形の領域において（領域の境界に沿う）格子を作って，格子点の座標の数値を求める操作を**格子生成**といいます．

格子生成にはいろいろな方法がありますが，本節では手軽で適用範囲も広い**多方向ラグランジュ補間法（超限補間法）**を紹介します．領域は４つの曲線境界（境界上の座標は既知）で囲まれているとします．向いあった１組の境界に同じ数の点をとり，同じ方向に順番に直線で結びます．そしてもう一方の組の曲線境界と各直線上に対して，ある規則（たとえば１次式）にしたがって同数の点を分布させます．曲線境界とそれに最も近い直線（両端に位置）は一致しませんが，その差は既知です．そこで両端でこのような差になるように，内部の差を補間し，内部にある格子点をその差だけ移動させます．

結果のみ示すと求めるべき格子点の位置ベクトル $\vec{r}_{j,k}$ は，１次式を利用する場合（j 方向に $0 \sim M$，k 方向に $0 \sim N$ 点とるとして）

$$\begin{aligned}\vec{r}_{j,k} = &\left(1-\frac{j}{M}\right)\vec{r}_{0,k} + \left(\frac{j}{M}\right)\vec{r}_{M,k} + \left(1-\frac{k}{N}\right)\vec{r}_{j,0} + \left(\frac{k}{N}\right)\vec{r}_{j,N}\\ &-\left(1-\frac{j}{M}\right)\left(1-\frac{k}{N}\right)\vec{r}_{0,0} - \left(1-\frac{j}{M}\right)\left(\frac{k}{N}\right)\vec{r}_{0,N}\\ &-\left(\frac{j}{M}\right)\left(1-\frac{k}{N}\right)\vec{r}_{M,0} - \left(\frac{j}{M}\right)\left(\frac{k}{N}\right)\vec{r}_{M,N}\end{aligned} \tag{4.9}$$

となります．境界付近に格子を集める目的で２次式にする場合は上式で (j/M) を $(j/M)^2$ に，(k/N) を $(k/N)^2$ におきかえます．

program4-1 は円周を４つに等分割して４つの辺をつくり，さらに各辺を等分割することにより境界上の格子点を分布させ，それをもとに１次式を利用した超限補間法を用いて円内に格子をつくるプログラムです（ITY を２に選んだ場合）．式 (4.9) はベクトル形なので，具体的には $\vec{r}$ のかわりに x と y を代入した式を用います．このプログラムでは流速表示のプログラムを応用して格子が描けるようにしています．結果を Fig.4.1a に示します．なお，このプログラムで ITY を１に選ぶと直角に曲がった管（**エルボ**）内の格子を作ります．結果を Fig.4.1b に示します．

program 4-1

```
Sub trans()
  Dim X(50, 50), Y(50, 50)
  Cells.Clear
  ' Boundary
  ITY = InputBox("格子のタイプ　 1: エルボ　 2: 円内")
  If ITY = 2 Then
    MX = 11
    MY = 9
    Pi = Atn(1#) * 4#
    TX = Pi / 2# / MX
    TY = Pi / 2# / MY
    For I = 0 To MX
      Ta = TX * I
      X(I, 0) = Cos(Ta)
      Y(I, 0) = Sin(Ta)
      Tb = Pi * 3# / 2# - TX * I
      X(I, MY) = Cos(Tb)
      Y(I, MY) = Sin(Tb)
    Next I
    For J = 0 To MY
      Ta = Pi - TY * J
      X(MX, MY - J) = Cos(Ta)
      Y(MX, MY - J) = Sin(Ta)
      Tb = Pi * 3# / 2# + TY * J
```

```
      X(0, MY - J) = Cos(Tb)
      Y(0, MY - J) = Sin(Tb)
    Next J
  ElseIf ITY = 1 Then
    MX = 40
    MY = 10
    MH = MX / 2
    TATE = 1#
    YOKO = 4#
    For I = 0 To MH
      X(I, 0) = 0#
      Y(I, 0) = -YOKO * (MH - I) / MH
      X(I, MY) = TATE
      Y(I, MY) = -YOKO + (YOKO + TATE) * I / MH
    Next I
    For I = MH + 1 To MX
      X(I, 0) = -YOKO * (I - MH) / MH
      Y(I, 0) = 0#
      X(I, MY) = -YOKO + (YOKO + TATE) * (MX - I) / MH
      Y(I, MY) = TATE
    Next I
    For J = 0 To MY
      X(0, J) = TATE / MY * J
      Y(0, J) = -YOKO
      X(MX, J) = -YOKO
      Y(MX, J) = TATE / MY * J
    Next J
  End If
  ' Trns Finite Interpolation
  For J = 1 To MY - 1
    For I = 1 To MX - 1
      A = I / MX
      B = J / MY
      X1 = (1 - A) * X(0, J) + A * X(MX, J) _
          + (1 - B) * X(I, 0) + B * X(I, MY)
      X(I, J) = X1 - (1 - A) * (1 - B) * X(0, 0) - (1 - A) * B _
          * X(0, MY) - A * (1 - B) * X(MX, 0) - A * B * X(MX, MY)
      Y1 = (1 - A) * Y(0, J) + A * Y(MX, J) _
          + (1 - B) * Y(I, 0) + B * Y(I, MY)
      Y(I, J) = Y1 - (1 - A) * (1 - B) * Y(0, 0) - (1 - A) * B _
          * Y(0, MY) - A * (1 - B) * Y(MX, 0) - A * B * Y(MX, MY)
    Next I
  Next J
  ' Output
  For I = 0 To MX
    For J = 0 To MY
      Cells(J + (MY + 2) * I + 1, 1) = X(I, J)
      Cells(J + (MY + 2) * I + 1, 2) = Y(I, J)
    Next J
  Next I
  JA = (MY + 2) * (MX + 2) + 1
  For J = 0 To MY
    For I = 0 To MX
      II = I + JA
      Cells(II + (MX + 2) * J + 1, 1) = X(I, J)
      Cells(II + (MX + 2) * J + 1, 2) = Y(I, J)
    Next I
  Next J
End Sub
```

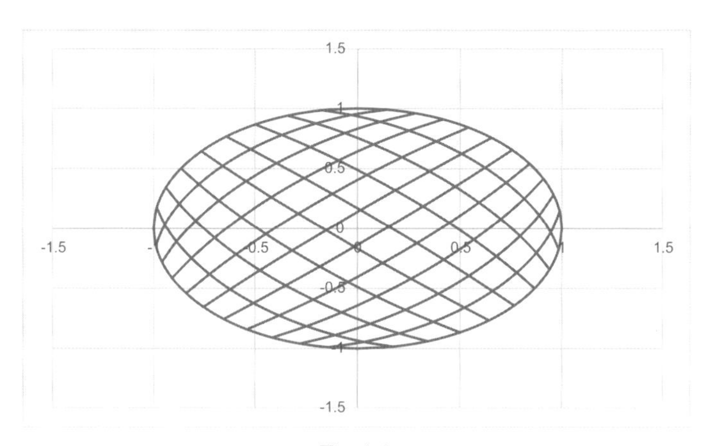

Fig.4.1a

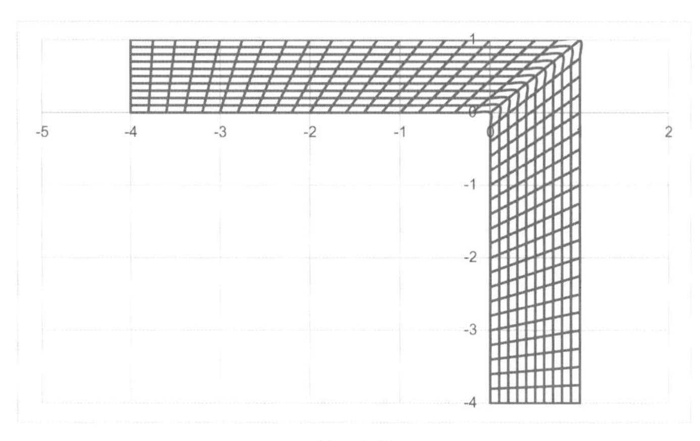

Fig.4.1b

4.2　一般座標系における流れ関数－渦度法

本節では流れ関数－渦度法に一般座標を適用してみます．それには流れ関数のポアソン方程式と渦度輸送方程式を一般座標変換します．その結果

$$\triangle_{\xi\eta}\psi = -\omega \tag{4.10}$$

$$\frac{\partial \omega}{\partial t} + \frac{1}{J}\left(\frac{\partial \psi}{\partial \eta}\frac{\partial \omega}{\partial \xi} - \frac{\partial \psi}{\partial \xi}\frac{\partial \omega}{\partial \eta}\right) = \frac{1}{Re}\triangle_{\xi\eta}\omega \tag{4.11}$$

という基礎方程式が得られます．ここで $\triangle_{\xi\eta}$ は一般座標で表現したラプラシアンで具体的には式 (4.4) において，f に ψ または ω を代入したものです．

デカルト座標や極座報に比べて基礎方程式に項が増えて複雑になるだけで，プログラムの構造が変わるわけではありません．ただし，プログラムには格子生成をする部分と座標変換に伴って現れる式 (4.6)〜(4.8) の係数（**メトリック**）を計算する部分が加わります．このとき C_4 と C_5 の式は複雑になるため，まず式 (4.4) を用いて ξ_x，ξ_y，η_x，η_y を計算して配列に記憶しておき，次に

$$
\begin{aligned}
C_4 =&\xi_{xx} + \xi_{yy} = (\xi_x)_\xi \xi_x + (\xi_x)_\eta \eta_x + (\xi_y)_\xi \xi_y + (\xi_y)_\eta \eta_y \\
C_5 =&\eta_{xx} + \eta_{yy} = (\eta_x)_\xi \xi_x + (\eta_x)_\eta \eta_x + (\eta_y)_\xi \xi_y + (\eta_y)_\eta \eta_y
\end{aligned}
\tag{4.12}
$$

を用いることにより，$(\xi_x)_\xi$ などを数値的に求めることが可能になります．本節で示す program4-2 と program4-3 はこの方法を用いて C_4 と C_5 を計算しています．

program4-2 は 2 次元の楕円形障害物まわりの流れを求めるプログラムですが，格子は極座標を用いて生成しています（69 頁参照）．メトリックの計算において配列 XX，XY，YX，YY にはそれぞれ ξ_x，ξ_y，η_x，η_y の各格子点での値が入り，C1〜C5 には式 (4.7)，(4.8) で与えられる C_1 から C_5 の値が入ります．メトリックを計算するとき現れる微分は原則中心差分で近似しますが，境界では中心差分が使えないため，2 次精度の片側差分を用いています．ただし，極座標の周方向のように境界が周期的につながっている場合は中心差分を使うことが可能なので，そのようなオプションも含めています．なお，計算に現れる $\Delta\xi$ や $\Delta\eta$ はどのような値を使っても打消し合います．このプログラムではメトリックを計算するとき $\Delta\xi = \Delta\eta = 1$ にとっているため，他の部分に現れる Δx，Δy も 1 にしています．

流れ関数に対するポアソン方程式の反復にはガウス・ザイデル法を用いているため，式 (4.10) を差分化した式を $\psi_{j,k}$ について解いた式

$$
\psi(j,k) = \frac{1}{2.0/C1(j,k) + 2.0/C3(j,k)} \times
$$

$$
\Bigg[C1(j,k)\left\{\psi(j-1,k) + \psi(j+1,k)\right\} + C3(j,k)\left\{\psi(j,k-1) + \psi(j,k+1)\right\}
$$

$$
+\, C2(j,k)\frac{\psi(j-1,k-1) - \psi(j+1,k-1) - \psi(j-1,k+1) + \psi(j+1,k+1)}{4}
$$

$$
+C4(j,k)\frac{\psi(j+1,k) - \psi(j-1,k)}{2} + C5(j,k)\frac{\psi(j,k+1) - \psi(j,k-1)}{2} \Bigg]
$$

またはそれと同等な式を反復計算に用いています．

　プログラムを用いて得られる結果から流速を求めるには

$$
\begin{aligned}
u &= \frac{\partial \psi}{\partial y} = \xi_y \frac{\partial \psi}{\partial \xi} + \eta_y \frac{\partial \psi}{\partial \eta} \\
v &= -\frac{\partial \psi}{\partial x} = -\left(\xi_x \frac{\partial \psi}{\partial \xi} + \eta_x \frac{\partial \psi}{\partial \eta}\right)
\end{aligned}
\tag{4.13}
$$

を用います．

　このプログラムを実行して得られる結果を Fig.4.2 に示します．結果はベクトル表示しています．

program 4-2

```
Sub flow2d()
  Dim V(51, 51), P(51, 51), D(51, 51), X(51, 51), Y(51, 51), R(51)
  Dim XX(51, 51), XY(51, 51), YX(51, 51), YY(51, 51), AJ(51, 51)
  Dim C1(51, 51), C2(51, 51), C3(51, 51), C4(51, 51), C5(51, 51)
  Cells.Clear
  NSTEPS = 200
  ISTEP0 = 20
  RE = 40
  DT = 0.01
  JMAX = 41
  KMAX = 21
  JM = JMAX - 1
  KM = KMAX - 1
  PAI = Atn(1#) * 4#
  EPS = 0.0001
  ' GRID
  AA = 0.4
  BB = 1#
  HH = 0.1
  RA = 1.15
  R(1) = 1#
  ITYP = 1
  For K = 2 To KMAX
    R(K) = R(K - 1) + HH * RA ^ (K - 1)
```

```
Next K
For K = 1 To KMAX
  For J = 1 To JMAX
    TT = 2# * PAI * (J - 2) / (JMAX - 2)
    BC = BB + (AA - BB) * (K - 1) / (KMAX - 1)
    X(J, K) = AA * R(K) * Cos(TT)
    Y(J, K) = BC * R(K) * Sin(TT)
  Next J
Next K
' Metric
For K = 1 To KMAX
  For J = 1 To JMAX
    If K = 1 Then
      XE = 0.5 * (-X(J, 3) + 4# * X(J, 2) - 3# * X(J, 1))
      YE = 0.5 * (-Y(J, 3) + 4# * Y(J, 2) - 3# * Y(J, 1))
    ElseIf K = KMAX Then
      XE = 0.5 * (X(J, KMAX - 2) - 4# * X(J, KMAX - 1) + 3# * X(J, KMAX))
      YE = 0.5 * (Y(J, KMAX - 2) - 4# * Y(J, KMAX - 1) + 3# * Y(J, KMAX))
    Else
      XE = 0.5 * (X(J, K + 1) - X(J, K - 1))
      YE = 0.5 * (Y(J, K + 1) - Y(J, K - 1))
    End If
    If J = 1 Then
      XXI = 0.5 * (-X(3, K) + 4# * X(2, K) - 3# * X(1, K))
      YXI = 0.5 * (-Y(3, K) + 4# * Y(2, K) - 3# * Y(1, K))
      If ITYP = 1 Then
        XXI = 0.5 * (X(2, K) - X(JMAX - 2, K))
        YXI = 0.5 * (Y(2, K) - Y(JMAX - 2, K))
      End If
    ElseIf J = JMAX Then
      XXI = 0.5 * (X(JMAX - 2, K) - 4# * X(JMAX - 1, K) + 3# * X(JMAX, K))
      YXI = 0.5 * (Y(JMAX - 2, K) - 4# * Y(JMAX - 1, K) + 3# * Y(JMAX, K))
      If ITYP = 1 Then
        XXI = 0.5 * (X(3, K) - X(JMAX - 1, K))
        YXI = 0.5 * (Y(3, K) - Y(JMAX - 1, K))
      End If
    Else
      XXI = 0.5 * (X(J + 1, K) - X(J - 1, K))
      YXI = 0.5 * (Y(J + 1, K) - Y(J - 1, K))
    End If
    AJJ = XXI * YE - XE * YXI
    XX(J, K) = YE / AJJ
    YX(J, K) = -YXI / AJJ
    XY(J, K) = -XE / AJJ
    YY(J, K) = XXI / AJJ
    AJ(J, K) = AJJ
  Next J
Next K
For K = 1 To KMAX
  For J = 1 To JMAX
    C1(J, K) = XX(J, K) ^ 2 + XY(J, K) ^ 2
    C3(J, K) = YX(J, K) ^ 2 + YY(J, K) ^ 2
    C2(J, K) = 2# * (XX(J, K) * YX(J, K) + XY(J, K) * YY(J, K))
  Next J
Next K
For K = 2 To KM
  For J = 2 To JM
    C77 = XX(J, K) * (XX(J + 1, K) - XX(J - 1, K)) _
        + YX(J, K) * (XX(J, K + 1) - XX(J, K - 1)) _
        + XY(J, K) * (XY(J + 1, K) - XY(J - 1, K)) _
        + YY(J, K) * (XY(J, K + 1) - XY(J, K - 1))
    C88 = XX(J, K) * (YX(J + 1, K) - YX(J - 1, K)) _
        + YX(J, K) * (YX(J, K + 1) - YX(J, K - 1)) _
        + XY(J, K) * (YY(J + 1, K) - YY(J - 1, K)) _
```

```
        + YY(J, K) * (YY(J, K + 1) - YY(J, K - 1))
      C4(J, K) = C77 * 0.5
      C5(J, K) = C88 * 0.5
    Next J
  Next K
  ' Initial Condition
  If ITYP = 1 Then
    For K = 1 To KMAX
      For J = 1 To JMAX
        V(J, K) = 0#
        P(J, K) = Y(J, K)
      Next J
    Next K
  Else
    For K = 1 To KMAX
      For J = 1 To JMAX
        V(J, K) = 0#
        P(J, K) = (Y(J, K) - Y(J, 1)) / (Y(J, KMAX) - Y(J, 1))
      Next J
    Next K
  End If
  For N = 1 To NSTEPS
    EAA = 0#
    For I = 1 To ISTEP0
      For K = 2 To KM
        For J = 2 To JM
          CC = 0.5 / (C1(J, K) + C3(J, K))
          PA = C1(J, K) * (P(J + 1, K) + P(J - 1, K)) _
             + C3(J, K) * (P(J, K + 1) + P(J, K - 1)) _
             + 0.25 * C2(J, K) * (P(J + 1, K + 1) _
             - P(J - 1, K + 1) - P(J + 1, K - 1) + P(J - 1, K - 1)) _
             + 0.5 * (C4(J, K) * (P(J + 1, K) - P(J - 1, K)) _
             + C5(J, K) * (P(J, K + 1) - P(J, K - 1)))
          PP = (PA + V(J, K)) * CC
          EAA = EAA + (PP - P(J, K)) ^ 2
          P(J, K) = PP
        Next J
      Next K
      If EAA < EPS Then Exit For
    Next I
    For K = 2 To KM
      For J = 2 To JM
        UNL = (P(J, K + 1) - P(J, K - 1)) _
            * (V(J + 1, K) - V(J - 1, K)) * 0.25 _
            - (P(J + 1, K) - P(J - 1, K)) _
            * (V(J, K + 1) - V(J, K - 1)) * 0.25
        VS = C1(J, K) * (V(J + 1, K) - 2# * V(J, K) + V(J - 1, K)) _
           + C2(J, K) * (V(J + 1, K + 1) - V(J + 1, K - 1) _
           - V(J - 1, K + 1) + V(J - 1, K - 1)) * 0.25 _
           + C3(J, K) * (V(J, K + 1) - 2# * V(J, K) + V(J, K - 1)) _
           + (C4(J, K) * (V(J + 1, K) - V(J - 1, K)) _
           + C5(J, K) * (V(J, K + 1) - V(J, K - 1))) * 0.5
        D(J, K) = V(J, K) + DT * (-UNL / AJ(J, K) + VS / RE)
      Next J
    Next K
    For K = 2 To KM
      For J = 2 To JM
        V(J, K) = D(J, K)
      Next J
    Next K
    ' Boundary Condition
    If ITYP = 1 Then
      ' periodic
      For K = 1 To KMAX
```

```
      P(1, K) = P(JM, K)
      V(1, K) = V(JM, K)
      P(JMAX, K) = P(2, K)
      V(JMAX, K) = V(2, K)
    Next K
  Else
    ' uniform flow at J=1 extapolate at K=KMAX
    For K = 1 To KMAX
      V(1, K) = 0#
      P(JMAX, K) = P(JM, K)
      V(JMAX, K) = V(JM, K)
    Next K
  End If
  If ITYP = 1 Then
    ' no-slip at K=1 and extrapolate K=KMAX
    For J = 1 To JMAX
      P(J, 1) = 0#
      V(J, 1) = -2# * C3(J, 1) * (P(J, 2) - P(J, 1))
    Next J
  Else
    ' no-slip at K=1 and symmetric K=KMAX
    For J = 1 To JMAX
      P(J, 1) = 0#
      V(J, 1) = -2# * C3(J, 1) * (P(J, 2) - P(J, 1))
      V(J, KMAX) = -2# * C3(J, KMAX) * (P(J, KM) - P(J, KMAX)) * 0#
    Next J
  End If
Next N
For K = 1 To KMAX
  For J = 1 To JMAX
    Cells(J, K + 4) = P(J, K)
  Next J
Next K
' 流速表示
FCTV = 0.25
FCT2 = FCTV / 2
II = 1
TET = 12.5 * 3.141592 / 180
For J = 2 To KMAX - 5 Step 2
  For I = 2 To JMAX - 1
    PY = (P(I, J + 1) - P(I, J - 1)) / 2#
    PX = (P(I + 1, J) - P(I - 1, J)) / 2#
    UA = XY(I, J) * PX + YY(I, J) * PY
    VA = -(XX(I, J) * PX + YX(I, J) * PY)
    XG = X(I, J)
    YG = Y(I, J)
    XG1 = XG + UA * FCTV
    YG1 = YG + VA * FCTV
    AL = Sqr((XG - XG1) ^ 2 + (YG - YG1) ^ 2)
    If AL > 0.000001 Then
      XG2 = XG1 + ((XG - XG1) * Cos(TET) + (YG - YG1) * Sin(TET)) _
          / AL * FCT2
      YG2 = YG1 + ((YG - YG1) * Cos(TET) - (XG - XG1) * Sin(TET)) _
          / AL * FCT2
      XG3 = XG1 + ((XG - XG1) * Cos(TET) - (YG - YG1) * Sin(TET)) _
          / AL * FCT2
      YG3 = YG1 + ((YG - YG1) * Cos(TET) + (XG - XG1) * Sin(TET)) _
          / AL * FCT2
      Cells(II, 1) = XG
      Cells(II, 2) = YG
      Cells(II + 1, 1) = XG1
      Cells(II + 1, 2) = YG1
      Cells(II + 2, 1) = XG2
      Cells(II + 2, 2) = YG2
```

```
        Cells(II + 3, 1) = XG1
        Cells(II + 3, 2) = YG1
        Cells(II + 4, 1) = XG3
        Cells(II + 4, 2) = YG3
        II = II + 6
      End If
    Next I
  Next J
End Sub
```

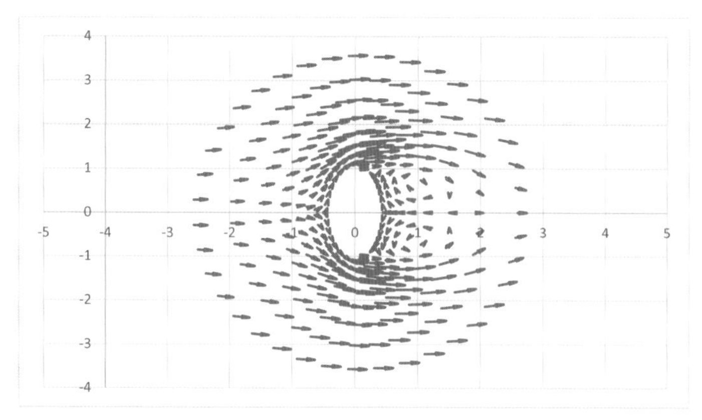

Fig.4.2

4.3　一般座標系におけるフラクショナル・ステップ法

本節では一般座標系における FS 法をとりあげます．基本は 3.3 節で述べたことで，それを一般座標に書き換えます．ナビエ・ストークス方程式の非線形項は，下添え字はその添え字に関する微分を表す（以下同様）ことにして

$$
\begin{aligned}
uu_x + vu_y &= u(\xi_x u_\xi + \eta_x u_\eta) + v(\xi_y u_\xi + \eta_y u_\eta) \\
&= (u\xi_x + v\xi_y)u_\xi + (u\eta_x + v\eta_y)u_\eta = Uu_\xi + Vu_\eta \\
uv_x + vv_y &= u(\xi_x v_\xi + \eta_x v_\eta) + v(\xi_y v_\xi + \eta_y v_\eta) \\
&= (u\xi_x + v\xi_y)v_\xi + (u\eta_x + v\eta_y)v_\eta = Uv_\xi + Vv_\eta
\end{aligned} \tag{4.14}
$$

となります．ただし，

$$
U = u\xi_x + v\xi_y, \quad V = u\eta_x + v\eta_y \tag{4.15}
$$

です．したがって，仮速度はこの U,V を用いて

$$u^* = u + \Delta t\left(-U\frac{\partial u}{\partial \xi} - V\frac{\partial u}{\partial \eta} + \frac{1}{Re}\triangle_{\xi\eta}u\right) \tag{4.16}$$

$$v^* = v + \Delta t\left(-U\frac{\partial v}{\partial \xi} - V\frac{\partial v}{\partial \eta} + \frac{1}{Re}\triangle_{\xi\eta}v\right) \tag{4.17}$$

から，圧力は

$$\triangle_{\xi\eta}p = \frac{1}{\Delta t}\left(\frac{\partial \xi}{\partial x}\frac{\partial u^*}{\partial \xi} + \frac{\partial \eta}{\partial x}\frac{\partial u^*}{\partial \eta} + \frac{\partial \xi}{\partial y}\frac{\partial v^*}{\partial \xi} + \frac{\partial \eta}{\partial y}\frac{\partial v^*}{\partial \eta}\right) \tag{4.18}$$

から，そして次の時間ステップの速度は

$$u^{n+1} = u^* - \Delta t\left(\frac{\partial \xi}{\partial x}\frac{\partial p}{\partial \xi} + \frac{\partial \eta}{\partial x}\frac{\partial p}{\partial \eta}\right) \tag{4.19}$$

$$v^{n+1} = v^* - \Delta t\left(\frac{\partial \xi}{\partial y}\frac{\partial p}{\partial \xi} + \frac{\partial \eta}{\partial y}\frac{\partial p}{\partial \eta}\right) \tag{4.20}$$

から計算できます．ただし $\triangle_{\xi\eta}$ は前節と同じく一般座標で表現したラプラシアンです．

プログラムについては，3.1 節の流れ関数－渦度法を 3.3 節で FS 法に拡張したのと全く同じようにして，4.1 節の流れ関数－渦度法を FS 法に拡張します．あるいは 3.1 節の流れ関数－渦度法を 4.1 節で一般座標に拡張したのと全く同じようにして 3.3 節の FS 法に拡張すると考えることもできます．

program4-3 は楕円形の障害物に流れが斜めにあたるとき，および**ベンド**内に生じる流れを求めるプログラムです．計算に用いる変数の値を与えたあと，楕円まわりの格子については楕円 $\{(x/a)^2 + (y/b)^2 = r^2\}$ のパラメータ表示 $x = ar\cos\theta$，$y = br\sin\theta$ を利用して作成します．ベンド内の格子については，まず 2 つの管壁（直線と円周の 1/4 の部分からできています）に格子点を配置し，内部の格子点は管壁上の対応する格子点を直線で結んだとして，それを等分割します．変数の意味はプログラムにコメントとして記しています．そしてこの格子データを用いてメトリックを計算します．メトリックを計算するとき，前述のとおり微分は原則，2 次精度の中心差分で近似します．境界では中心差分が使えないので，2 次精度の片側差分を使いますが，楕円形障害物のような問題では周方向に周期的につながっているため，そのことを考慮すれば

中心差分が使えます．そこでプログラムも場合分けして**周期条件**にも適用できるようにしています．

初期条件と速度に対する（周期条件を含む）境界条件を与えたあと，時間発展をさせる部分に進みます．仮速度を式 (4.16)，(4.17) から計算し，それを用いてポアソン方程式の右辺を式 (4.18) から計算したあと，ポアソン方程式をガウス・ザイデル法で解きます．この部分は変数の意味は異なりますが 4.1 節と同じです．ただし，圧力の境界条件は反復の中に入れます．圧力が求まれば，圧力と仮速度から式 (4.19)，(4.20) を用いて次の時間での流速を求めます．x 方向の流速 u と y 方向の流速が求まるため，速度ベクトルは 3.3 節と同様にして表示できます．

このプログラムを実行して得られる楕円形障害物まわりの流れの結果を Fig.4.3 に示します．結果はベクトル表示しています．

program 4-3

```
Sub FS2D()
  Dim U(51, 51), UT(51, 51), VT(51, 51), X(51, 51), Y(51, 51)
  Dim V(51, 51), P(51, 51), D(51, 51), XX(51, 51), XY(51, 51)
  Dim YX(51, 51), YY(51, 51), C1(51, 51), C2(51, 51)
  Dim C3(51, 51), C4(51, 51), C5(51, 51), R(51)
  Cells.Clear
  ISTEP0 = 40
  RE = 40
  DT = 0.01
  JMAX = 41
  KMAX = 20
  JM = JMAX - 1
  KM = KMAX - 1
  PAI = Atn(1#) * 4#
  EPS = 0.0001
  ITYP = InputBox("タイプ　0:ベンド　1:楕円")
  NSTEPS = InputBox("時間ステップ数")
  ' GRID
  If ITYP = 1 Then
    AA = 0.4
    BB = 1#
    HH = 0.1
    RA = 1.15
    R(0) = 1#
    For K = 1 To KMAX
      R(K) = R(K - 1) + HH * RA ^ (K - 1)
    Next K
    For K = 0 To KMAX
      For J = 0 To JMAX
        TT = 2# * PAI * (J - 1) / (JMAX - 1)
        BC = BB + (AA - BB) * K / KMAX
        X(J, K) = AA * R(K) * Cos(TT)
        Y(J, K) = BC * R(K) * Sin(TT)
      Next J
```

```
    Next K
  Else
    MX = 40
    MY = 10
    MH = MX / 2
    TATE = 1#
    YOKO = 4#
    For I = 0 To MH
      X(I, 0) = 0#
      Y(I, 0) = -YOKO * (MH - I) / MH
      X(I, MY) = TATE
      Y(I, MY) = -YOKO + (YOKO + TATE) * I / MH
    Next I
    For I = MH + 1 To MX
      X(I, 0) = -YOKO * (I - MH) / MH
      Y(I, 0) = 0#
      X(I, MY) = -YOKO + (YOKO + TATE) * (MX - I) / MH
      Y(I, MY) = TATE
    Next I
    For J = 0 To MY
      X(0, J) = TATE / MY * J
      Y(0, J) = -YOKO
      X(MX, J) = -YOKO
      Y(MX, J) = TATE / MY * J
    Next J
    ' Trns Finite Interpolation
    For J = 1 To MY - 1
      For I = 1 To MX - 1
        A = I / MX
        B = J / MY
        X1 = (1 - A) * X(0, J) + A * X(MX, J) + (1 - B) * X(I, 0) _
           + B * X(I, MY)
        X(I, J) = X1 - (1 - A) * (1 - B) * X(0, 0) _
           - (1 - A) * B * X(0, MY) - A * (1 - B) * X(MX, 0) _
           - A * B * X(MX, MY)
        Y1 = (1 - A) * Y(0, J) + A * Y(MX, J) + (1 - B) * Y(I, 0) _
           + B * Y(I, MY)
        Y(I, J) = Y1 - (1 - A) * (1 - B) * Y(0, 0) _
           - (1 - A) * B * Y(0, MY) - A * (1 - B) * Y(MX, 0) _
           - A * B * Y(MX, MY)
      Next I
    Next J
    JMAX = MX
    KMAX = MY
    JM = JMAX - 1
    KM = KMAX - 1
  End If
  ' Metric
  For K = 0 To KMAX
    For J = 0 To JMAX
      If K = 0 Then
        XE = 0.5 * (-X(J, 2) + 4# * X(J, 1) - 3# * X(J, 0))
        YE = 0.5 * (-Y(J, 2) + 4# * Y(J, 1) - 3# * Y(J, 0))
      ElseIf K = KMAX Then
        XE = 0.5 * (X(J, KMAX - 2) - 4# * X(J, KMAX - 1) + 3# * X(J, KMAX))
        YE = 0.5 * (Y(J, KMAX - 2) - 4# * Y(J, KMAX - 1) + 3# * Y(J, KMAX))
      Else
        XE = 0.5 * (X(J, K + 1) - X(J, K - 1))
        YE = 0.5 * (Y(J, K + 1) - Y(J, K - 1))
      End If
      If J = 0 Then
        XXI = 0.5 * (-X(2, K) + 4# * X(1, K) - 3# * X(0, K))
        YXI = 0.5 * (-Y(2, K) + 4# * Y(1, K) - 3# * Y(0, K))
        If ITYP = 1 Then
```

```
        XXI = 0.5 * (X(1, K) - X(JMAX - 2, K))
        YXI = 0.5 * (Y(1, K) - Y(JMAX - 2, K))
      End If
    ElseIf J = JMAX Then
      XXI = 0.5 * (X(JMAX - 2, K) - 4# * X(JMAX - 1, K) + 3# * X(JMAX, K))
      YXI = 0.5 * (Y(JMAX - 2, K) - 4# * Y(JMAX - 1, K) + 3# * Y(JMAX, K))
      If ITYP = 1 Then
        XXI = 0.5 * (X(2, K) - X(JMAX - 1, K))
        YXI = 0.5 * (Y(2, K) - Y(JMAX - 1, K))
      End If
    Else
      XXI = 0.5 * (X(J + 1, K) - X(J - 1, K))
      YXI = 0.5 * (Y(J + 1, K) - Y(J - 1, K))
    End If
    AJJ = XXI * YE - XE * YXI
    XX(J, K) = YE / AJJ
    YX(J, K) = -YXI / AJJ
    XY(J, K) = -XE / AJJ
    YY(J, K) = XXI / AJJ
  Next J
Next K
For K = 0 To KMAX
  For J = 0 To JMAX
    C1(J, K) = XX(J, K) ^ 2 + XY(J, K) ^ 2
    C3(J, K) = YX(J, K) ^ 2 + YY(J, K) ^ 2
    C2(J, K) = 2# * (XX(J, K) * YX(J, K) + XY(J, K) * YY(J, K))
  Next J
Next K
For K = 1 To KM
  For J = 1 To JM
    C77 = XX(J, K) * (XX(J + 1, K) - XX(J - 1, K)) _
        + YX(J, K) * (XX(J, K + 1) - XX(J, K - 1)) _
        + XY(J, K) * (XY(J + 1, K) - XY(J - 1, K)) _
        + YY(J, K) * (XY(J, K + 1) - XY(J, K - 1))
    C88 = XX(J, K) * (YX(J + 1, K) - YX(J - 1, K)) _
        + YX(J, K) * (YX(J, K + 1) - YX(J, K - 1)) _
        + XY(J, K) * (YY(J + 1, K) - YY(J - 1, K)) _
        + YY(J, K) * (YY(J, K + 1) - YY(J, K - 1))
    C4(J, K) = C77 * 0.5
    C5(J, K) = C88 * 0.5
  Next J
Next K
' Initial Condition
For K = 0 To KMAX
  For J = 0 To JMAX
    U(J, K) = 0#
    V(J, K) = 0#
    P(J, K) = 0#
  Next J
Next K
' 時間発展
For N = 1 To NSTEPS
  ' 境界条件
  If ITYP = 1 Then
    ' 周期条件
    For K = 0 To KMAX
      U(0, K) = U(JM, K)
      V(0, K) = V(JM, K)
      U(JMAX, K) = U(1, K)
      V(JMAX, K) = V(1, K)
      UT(0, K) = U(0, K)
      VT(0, K) = V(0, K)
      UT(JMAX, K) = U(JMAX, K)
      VT(JMAX, K) = V(JMAX, K)
```

```
  Next K
Else
  ' 一様流 at J=1 J=JMAX
  For K = 1 To KMAX
    U(0, K) = 0#
    V(0, K) = 1#
    UT(0, K) = U(0, K)
    VT(0, K) = V(0, K)
    U(JMAX, K) = -1#
    V(JMAX, K) = 0#
    UT(JMAX, K) = U(JMAX, K)
    VT(JMAX, K) = V(JMAX, K)
  Next K
End If
If ITYP = 1 Then
  For J = 1 To JMAX
    U(J, 0) = 0#
    V(J, 0) = 0#
    UT(J, 0) = U(J, 0)
    VT(J, 0) = V(J, 0)
    U(J, KMAX) = Cos(PAI / 6#)
    V(J, KMAX) = Sin(PAI / 6#)
    UT(J, KMAX) = U(J, KMAX)
    VT(J, KMAX) = V(J, KMAX)
  Next J
Else
  For J = 1 To JMAX
    U(J, 0) = 0#
    V(J, 0) = 0#
    UT(J, 0) = U(J, 0)
    VT(J, 0) = V(J, 0)
    U(J, KMAX) = 0#
    V(J, KMAX) = 0#
    UT(J, KMAX) = U(J, KMAX)
    VT(J, KMAX) = V(J, KMAX)
Next J
End If
For K = 1 To KM
  For J = 1 To JM
    UX = (U(J + 1, K) - U(J - 1, K)) / 2#
    UE = (U(J, K + 1) - U(J, K - 1)) / 2#
    VX = (V(J + 1, K) - V(J - 1, K)) / 2#
    VE = (V(J, K + 1) - V(J, K - 1)) / 2#
    UNL = U(J, K) * (XX(J, K) * UX + YX(J, K) * UE) _
        + V(J, K) * (XY(J, K) * UX + YY(J, K) * UE)
    VNL = U(J, K) * (XX(J, K) * VX + YX(J, K) * VE) _
        + V(J, K) * (XY(J, K) * VX + YY(J, K) * VE)
    US = C1(J, K) * (U(J + 1, K) - 2# * U(J, K) + U(J - 1, K)) _
       + C2(J, K) * (U(J + 1, K + 1) - U(J + 1, K - 1) _
                   - U(J - 1, K + 1) + U(J - 1, K - 1)) * 0.25 _
       + C3(J, K) * (U(J, K + 1) - 2# * U(J, K) + U(J, K - 1)) _
       + (C4(J, K) * (U(J + 1, K) - U(J - 1, K)) _
       + C5(J, K) * (U(J, K + 1) - U(J, K - 1))) * 0.5
    VS = C1(J, K) * (V(J + 1, K) - 2# * V(J, K) + V(J - 1, K)) _
       + C2(J, K) * (V(J + 1, K + 1) - V(J + 1, K - 1) _
                   - V(J - 1, K + 1) + V(J - 1, K - 1)) * 0.25 _
       + C3(J, K) * (V(J, K + 1) - 2# * V(J, K) + V(J, K - 1)) _
       + (C4(J, K) * (V(J + 1, K) - V(J - 1, K)) _
       + C5(J, K) * (V(J, K + 1) - V(J, K - 1))) * 0.5
    UT(J, K) = U(J, K) + DT * (-UNL + US / RE)
    VT(J, K) = V(J, K) + DT * (-VNL + VS / RE)
  Next J
Next K
For K = 1 To KM
```

```
      For J = 1 To JM
        UTX = (UT(J + 1, K) - UT(J - 1, K)) / 2#
        UTE = (UT(J, K + 1) - UT(J, K - 1)) / 2#
        VTX = (VT(J + 1, K) - VT(J - 1, K)) / 2#
        VTE = (VT(J, K + 1) - VT(J, K - 1)) / 2#
        DJK = XX(J, K) * UTX + YX(J, K) * UTE _
            + XY(J, K) * VTX + YY(J, K) * VTE
        D(J, K) = DJK / DT
      Next J
    Next K
    EAA = 0#
    PBS = P(1, 1)
    For K = 0 To KMAX
      For J = 0 To JMAX
        P(J, K) = P(J, K) - PBS
      Next J
    Next K
    For I = 1 To ISTEP0
      If ITYP = 1 Then
        ' periodic
        For K = 0 To KMAX
          P(0, K) = P(JM, K)
          P(JMAX, K) = P(1, K)
        Next K
      Else
        For K = 0 To KMAX
          P(0, K) = P(1, K)
          P(JMAX, K) = P(JMAX - 1, K)
        Next K
      End If
      For J = 1 To JMAX
        P(J, 0) = P(J, 1)
        P(J, KMAX) = P(J, KMAX - 1)
      Next J
      For K = 1 To KM
        For J = 1 To JM
          CC = 0.5 / (C1(J, K) + C3(J, K))
          PA = C1(J, K) * (P(J + 1, K) + P(J - 1, K)) _
             + C3(J, K) * (P(J, K + 1) + P(J, K - 1)) _
             + 0.25 * C2(J, K) * (P(J + 1, K + 1) _
             - P(J - 1, K + 1) - P(J + 1, K - 1) + P(J - 1, K - 1)) _
             + 0.5 * (C4(J, K) * (P(J + 1, K) - P(J - 1, K)) _
             + C5(J, K) * (P(J, K + 1) - P(J, K - 1)))
          PP = (PA - D(J, K)) * CC
          EAA = EAA + Abs(PP - P(J, K))
          P(J, K) = PP
        Next J
      Next K
      If EAA < EPS Then Exit For
    Next I
    For K = 1 To KM
      For J = 1 To JM
        PX = (P(J + 1, K) - P(J - 1, K)) / 2#
        PE = (P(J, K + 1) - P(J, K - 1)) / 2#
        U(J, K) = UT(J, K) - DT * (XX(J, K) * PX + YX(J, K) * PE)
        V(J, K) = VT(J, K) - DT * (XY(J, K) * PX + YY(J, K) * PE)
      Next J
    Next K
  Next N
  For K = 1 To KMAX
    For J = 1 To JMAX
      Cells(J, K + 4) = P(J, K)
    Next J
  Next K
```

```
  ' 流速表示
  FCTV = 0.25
  If ITYP = 0 Then FCTV = 0.125
  FCT2 = 0.1
  TET = 15 * 3.141592 / 180
  II = 1
  J2 = 2
  If ITYP = 0 Then J2 = 1
  For J = 1 To KMAX - 1 Step J2
    For I = 1 To JMAX - 1
      XG = X(I, J)
      YG = Y(I, J)
      XG1 = XG + U(I, J) * FCTV
      YG1 = YG + V(I, J) * FCTV
      AL = Sqr((XG - XG1) ^ 2 + (YG - YG1) ^ 2)
      If AL > 0.000001 Then
        XG2 = XG1 + ((XG - XG1) * Cos(TET) + (YG - YG1) * Sin(TET)) _
            / AL * FCT2
        YG2 = YG1 + ((YG - YG1) * Cos(TET) - (XG - XG1) * Sin(TET)) _
            / AL * FCT2
        XG3 = XG1 + ((XG - XG1) * Cos(TET) - (YG - YG1) * Sin(TET)) _
            / AL * FCT2
        YG3 = YG1 + ((YG - YG1) * Cos(TET) + (XG - XG1) * Sin(TET)) _
            / AL * FCT2
        Cells(II, 1) = XG
        Cells(II, 2) = YG
        Cells(II + 1, 1) = XG1
        Cells(II + 1, 2) = YG1
        Cells(II + 2, 1) = XG2
        Cells(II + 2, 2) = YG2
        Cells(II + 3, 1) = XG1
        Cells(II + 3, 2) = YG1
        Cells(II + 4, 1) = XG3
        Cells(II + 4, 2) = YG3
        II = II + 6
      End If
    Next I
  Next J
End Sub
```

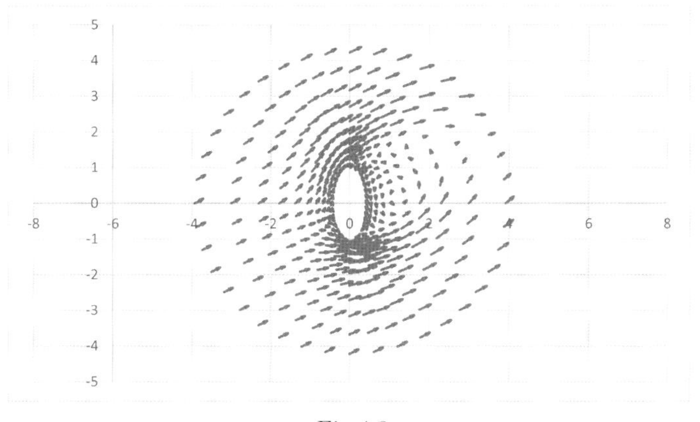

Fig.4.3

Chapter 5

3次元流れ

5.1 立方体キャビティ内流れ

本章では3次元流れを取扱います．3次元流れではもはや流れ関数－渦度法は使えないのでフラクショナル・ステップ法や**MAC法**を使うことになります．MAC 法については後述します．ベクトル形の式 (3.11)，(3.13)，(3.14) がもとになりますが，3次元の場合，仮速度を上添え字$*$で表すと以下のようになります．

$$u^* = u + \Delta t \left\{ -u\frac{\partial u}{\partial x} - v\frac{\partial u}{\partial y} - w\frac{\partial u}{\partial z} + \frac{1}{Re}\left(\frac{\partial^2 u}{\partial x^2} + \frac{\partial^2 u}{\partial y^2} + \frac{\partial^2 u}{\partial z^2} \right) \right\} \tag{5.1}$$

$$v^* = v + \Delta t \left\{ -u\frac{\partial v}{\partial x} - v\frac{\partial v}{\partial y} - w\frac{\partial v}{\partial z} + \frac{1}{Re}\left(\frac{\partial^2 v}{\partial x^2} + \frac{\partial^2 v}{\partial y^2} + \frac{\partial^2 v}{\partial z^2} \right) \right\} \tag{5.2}$$

$$w^* = w + \Delta t \left\{ -u\frac{\partial w}{\partial x} - v\frac{\partial w}{\partial y} - w\frac{\partial w}{\partial z} + \frac{1}{Re}\left(\frac{\partial^2 w}{\partial x^2} + \frac{\partial^2 w}{\partial y^2} + \frac{\partial^2 w}{\partial z^2} \right) \right\} \tag{5.3}$$

$$\frac{\partial^2 p}{\partial x^2} + \frac{\partial^2 p}{\partial y^2} + \frac{\partial^2 p}{\partial z^2} = \frac{1}{\Delta t}\left(\frac{\partial u^*}{\partial x} + \frac{\partial v^*}{\partial y} + \frac{\partial w^*}{\partial z} \right) \tag{5.4}$$

$$u^{n+!} = u^* - \Delta t \frac{\partial p}{\partial x} \tag{5.5}$$

$$v^{n+!} = v^* - \Delta t \frac{\partial p}{\partial y} \tag{5.6}$$

$$w^{n+!} = w^* - \Delta t \frac{\partial p}{\partial z} \tag{5.7}$$

ただし，時間ステップ n での値については上添え字を省略しています．これらの式をプログラムに使う形で中心差分で差分化して表現すると

$$
\begin{aligned}
u^*_{i,j,k} =& u_{i,j,k} + \Delta t \left[-u_{i,j,k} \frac{u_{i+1,j,k} - u_{i-1,j,k}}{2\Delta x} - v_{i,j,k} \frac{u_{i,j+1,k} - u_{i,j-1,k}}{2\Delta y} \right. \\
& - w_{i,j,k} \frac{u_{i,j,k+1} - u_{i,j,k-1}}{2\Delta z} + \frac{1}{Re} \left\{ \frac{u_{i-1,j,k} - 2u_{i,j,k} + u_{i+1,j,k}}{(\Delta x)^2} \right. \\
& \left. \left. + \frac{u_{i,j-1,k} - 2u_{i,j,k} + u_{i,j+1,k}}{(\Delta y)^2} + \frac{u_{i,j,k-1} - 2u_{i,j,k} + u_{i,j,k+1}}{(\Delta z)^2} \right\} \right] \\
v^*_{i,j,k} =& v_{i,j,k} + \Delta t \left[-u_{i,j,k} \frac{v_{i+1,j,k} - v_{i-1,j,k}}{2\Delta x} - v_{i,j,k} \frac{v_{i,j+1,k} - v_{i,j-1,k}}{2\Delta y} \right. \\
& - w_{i,j,k} \frac{v_{i,j,k+1} - v_{i,j,k-1}}{2\Delta z} + \frac{1}{Re} \left\{ \frac{v_{i-1,j,k} - 2v_{i,j,k} + v_{i+1,j,k}}{(\Delta x)^2} \right. \\
& \left. \left. + \frac{v_{i,j-1,k} - 2v_{i,j,k} + v_{i,j+1,k}}{(\Delta y)^2} + \frac{v_{i,j,k-1} - 2v_{i,j,k} + v_{i,j,k+1}}{(\Delta z)^2} \right\} \right]
\end{aligned}
\tag{5.8}
$$

$$
\begin{aligned}
w^*_{i,j,k} =& w_{i,j,k} + \Delta t \left[-u_{i,j,k} \frac{w_{i+1,j,k} - w_{i-1,j,k}}{2\Delta x} - v_{i,j,k} \frac{w_{i,j+1,k} - w_{i,j-1,k}}{2\Delta y} \right. \\
& - w_{i,j,k} \frac{w_{i,j,k+1} - w_{i,j,k-1}}{2\Delta z} + \frac{1}{Re} \left\{ \frac{w_{i-1,j,k} - 2w_{i,j,k} + w_{i+1,j,k}}{(\Delta x)^2} \right. \\
& \left. \left. + \frac{w_{i,j-1,k} - 2w_{i,j,k} + w_{i,j+1,k}}{(\Delta y)^2} + \frac{w_{i,j,k-1} - 2w_{i,j,k} + w_{i,j,k+1}}{(\Delta z)^2} \right\} \right]
\end{aligned}
$$

$$
Q_{i,j,k} = \frac{1}{\Delta t} \left(\frac{u^*_{i+1,j,k} - u^*_{i-1,j,k}}{2\Delta x} + \frac{v^*_{i,j+1,k} - v^*_{i,j-1,k}}{2\Delta y} + \frac{w^*_{i,j,k+1} - w^*_{i,j,k-1}}{2\Delta z} \right)
\tag{5.9}
$$

$$
\begin{aligned}
\frac{p_{i-1,j,k} - 2p_{i,j,k} + p_{i+1,j,k}}{(\Delta x)^2} &+ \frac{p_{i,j-1,k} - 2p_{i,j,k} + p_{i,j+1,k}}{(\Delta y)^2} \\
&+ \frac{p_{i,j,k-1} - 2p_{i,j,k} + p_{i,j,k+1}}{(\Delta z)^2} = Q_{i,j,k}
\end{aligned}
\tag{5.10}
$$

$$
\begin{aligned}
u^{n+1}_{i,j,k} =& u^*_{i,j,k} - \Delta t \left(\frac{p_{i+1,j,k} - p_{i-1,j,k}}{2\Delta x} \right) \\
v^{n+1}_{i,j,k} =& v^*_{i,j,k} - \Delta t \left(\frac{p_{i,j+1,k} - p_{i,j-1,k}}{2\Delta y} \right) \\
w^{n+1}_{i,j,k} =& w^*_{i,j,k} - \Delta t \left(\frac{p_{i,j,k+1} - p_{i,j,k-1}}{2\Delta z} \right)
\end{aligned}
\tag{5.11}
$$

これは u, v, w, p の値を同じ格子点で評価する通常格子による表現ですが，それぞれ半格子ずらせて定義するスタガード格子もあります.

program5-1 は**立方体キャビティ内流れ**の問題を，領域内に障害物がある場合を含めて解くプログラムです．パラメータは２次元の正方形キャビティ問題と同じです． program3-3 と同じ構造ですが３次元では配列を３次元にすること，z 方向微分が加わること，速度や仮速度に z 方向成分が加わる部分で多少プログラムが長くなったり，１つの式が長くなったりします．また境界条件は６つの面で指定する必要があります.

program 5-1

```
Sub cav3d()
  Dim U(20, 20, 20), UT(20, 20, 20), V(20, 20, 20), VT(20, 20, 20)
  Dim W(20, 20, 20), WT(20, 20, 20), P(20, 20, 20), Q(20, 20, 20)
  Dim MSK(20, 20, 20)
  Cells.Clear
  ' READ AND CALCULATE PARAMETERS
  MX = 20
  MY = 20
  MZ = 20
  DX = 1# / MX
  DY = 1# / MY
  DZ = 1# / MZ
  RE = 40
  DT = 0.01
  NMAX = 100
  EPS = 0.00001
  ' INITIAL CONDITION FOR PSI AND OMEGA
  For K = 0 To MZ
    For J = 0 To MY
      For I = 0 To MX
      U(I, J, K) = 0#
      V(I, J, K) = 0#
      W(I, J, K) = 0#
      P(I, J, K) = 0#
      MSK(I, J, K) = 1#
      Next I
    Next J
  Next K
  For K = MZ / 2 To 3 * MZ / 4
    For J = MY / 2 To 3 * MY / 4
      For I = MX / 2 To 3 * MX / 4
        MSK(I, J, K) = 0#
      Next I
    Next J
  Next K
  ' MAIN LOOP
  For N = 1 To NMAX
    ' BOUNDARY CONDITION (STEP1)
    ' BOTTOM AND TOP
    For J = 0 To MY
      For I = 0 To MX
        U(I, J, 0) = 0#
```

```
    UT(I, J, 0) = 0#
    V(I, J, 0) = 0#
    VT(I, J, 0) = 0#
    W(I, J, 0) = 0#
    WT(I, J, 0) = 0#
    U(I, J, MZ) = 1#
    UT(I, J, MZ) = 1#
    V(I, J, MZ) = 1#
    VT(I, J, MZ) = 1#
    W(I, J, MZ) = 0#
    WT(I, J, MZ) = 0#
  Next I
Next J
' LEFT AND RIGHT
For K = 0 To MZ
  For J = 0 To MY
    U(0, J, K) = 0#
    UT(0, J, K) = 0#
    V(0, J, K) = 0#
    VT(0, J, K) = 0#
    W(0, J, K) = 0#
    WT(0, J, K) = 0#
    U(MX, J, K) = 0#
    UT(MX, J, K) = 0#
    V(MX, J, K) = 0#
    VT(MX, J, K) = 0#
    W(MX, J, K) = 0#
    WT(MX, J, K) = 0#
  Next J
Next K
' FRONT AND BACK
For K = 0 To MZ
  For I = 0 To MX
    U(I, 0, K) = 0#
    UT(I, 0, K) = 0#
    V(I, 0, K) = 0#
    VT(I, 0, K) = 0#
    W(I, 0, K) = 0#
    WT(I, 0, K) = 0#
    U(I, MY, K) = 0#
    UT(I, MY, K) = 0#
    V(I, MY, K) = 0#
    VT(I, MY, K) = 0#
    W(I, MY, K) = 0#
    WT(I, MY, K) = 0#
  Next I
Next K
' CALCULATE UT,VT (STEP3)
For K = 1 To MZ - 1
  For J = 1 To MY - 1
    For I = 1 To MX - 1
      RX = U(I, J, K) * (U(I + 1, J, K) - U(I - 1, J, K)) / (2# * DX) _
         + V(I, J, K) * (U(I, J + 1, K) - U(I, J - 1, K)) / (2# * DY) _
         + W(I, J, K) * (U(I, J, K + 1) - U(I, J, K - 1)) / (2# * DZ)
      RY = U(I, J, K) * (V(I + 1, J, K) - V(I - 1, J, K)) / (2# * DX) _
         + V(I, J, K) * (V(I, J + 1, K) - V(I, J - 1, K)) / (2# * DY) _
         + W(I, J, K) * (V(I, J, K + 1) - V(I, J, K - 1)) / (2# * DZ)
      RZ = U(I, J, K) * (W(I + 1, J, K) - W(I - 1, J, K)) / (2# * DX) _
         + V(I, J, K) * (W(I, J + 1, K) - W(I, J - 1, K)) / (2# * DY) _
         + W(I, J, K) * (W(I, J, K + 1) - W(I, J, K - 1)) / (2# * DZ)
      VX = (U(I + 1, J, K) - 2# * U(I, J, K) + U(I - 1, J, K)) / (DX * DX) _
         + (U(I, J + 1, K) - 2# * U(I, J, K) + U(I, J - 1, K)) / (DY * DY) _
         + (U(I, J, K + 1) - 2# * U(I, J, K) + U(I, J, K - 1)) / (DZ * DZ)
```

```
      VY = (V(I + 1, J, K) - 2# * V(I, J, K) + V(I - 1, J, K)) / (DX * DX) _
         + (V(I, J + 1, K) - 2# * V(I, J, K) + V(I, J - 1, K)) / (DY * DY) _
         + (V(I, J, K + 1) - 2# * V(I, J, K) + V(I, J, K - 1)) / (DZ * DZ)
      VZ = (W(I + 1, J, K) - 2# * W(I, J, K) + W(I - 1, J, K)) / (DX * DX) _
         + (W(I, J + 1, K) - 2# * W(I, J, K) + W(I, J - 1, K)) / (DY * DY) _
         + (W(I, J, K + 1) - 2# * W(I, J, K) + W(I, J, K - 1)) / (DZ * DZ)
      UT(I, J, K) = U(I, J, K) + DT * (-RX + VX / RE)
      VT(I, J, K) = V(I, J, K) + DT * (-RY + VY / RE)
      WT(I, J, K) = W(I, J, K) + DT * (-RZ + VZ / RE)
    Next I
  Next J
Next K
' CALCULATE Q (STEP4)
For K = 1 To MZ - 1
  For J = 1 To MY - 1
    For I = 1 To MZ - 1
      QIJ = (UT(I + 1, J, K) - UT(I - 1, J, K)) / (2# * DX)
      QIJ = (VT(I, J + 1, K) - VT(I, J - 1, K)) / (2# * DY) + QIJ
      QIJ = (WT(I, J, K + 1) - WT(I, J, K - 1)) / (2# * DZ) + QIJ
      Q(I, J, K) = QIJ / DT
    Next I
  Next J
Next K
' CALCULATE Pressure (STEP5)
For NN = 1 To 20
  ' BOTTOM AND TOP
  For J = 0 To MY
    For I = 0 To MX
      P(I, J, 0) = P(I, J, 1)
      P(I, J, MZ) = P(I, J, MZ - 1)
    Next I
  Next J
  ' LEFT AND RIGHT
  For K = 0 To MZ
    For J = 0 To MY
      P(0, J, K) = P(1, J, K)
      P(MX, J, K) = P(MX - 1, J, K)
    Next J
  Next K
  ' FRONT AND BACK
  For K = 0 To MZ
    For I = 0 To MX
      P(I, 0, K) = P(I, 1, K)
      P(I, MY, K) = P(I, MY - 1, K)
    Next I
  Next K
  For K = 1 To MZ - 1
    For J = 1 To MY - 1
      For I = 1 To MX - 1
        RHS = (P(I + 1, J, K) + P(I - 1, J, K)) / (DX * DX)
        RHS = (P(I, J + 1, K) + P(I, J - 1, K)) / (DY * DY) + RHS
        RHS = (P(I, J, K + 1) + P(I, J, K - 1)) / (DZ * DZ) + RHS
        P(I, J, K) = (RHS - Q(I, J, K)) _
            / (2# / (DX * DX) + 2# / (DY * DY) + 2# / (DZ * DZ))
      Next I
    Next J
  Next K
Next NN
' CALCULATE NEW VELOCITY (STEP6)
For K = 1 To MZ - 1
  For J = 1 To MY - 1
    For I = 1 To MX - 1
      U(I, J, K) = UT(I, J, K) _
```

```
            - DT * (P(I + 1, J, K) - P(I - 1, J, K)) / (2# * DX)
        V(I, J, K) = VT(I, J, K) _
            - DT * (P(I, J + 1, K) - P(I, J - 1, K)) / (2# * DY)
        W(I, J, K) = WT(I, J, K) _
            - DT * (P(I, J, K + 1) - P(I, J, K - 1)) / (2# * DZ)
      Next I
    Next J
  Next K
  For K = 1 To MZ - 1
    For J = 1 To MY - 1
      For I = 1 To MX - 1
        U(I, J, K) = U(I, J, K) * MSK(I, J, K)
        V(I, J, K) = V(I, J, K) * MSK(I, J, K)
        W(I, J, K) = W(I, J, K) * MSK(I, J, K)
      Next I
    Next J
  Next K
  ' END OF MAIN LOOP
Next N
' 流速表示
FCT = 0.3
FCT2 = 0.025
II = 1
TET = 15 * 3.141592 / 180
For K = 1 To MZ - 1
  For I = 1 To MX - 1
    XG = DX * I
    YG = DZ * K
    UA = U(I, MY / 2, K)
    VA = W(I, MY / 2, K)
    XG1 = XG + UA * FCT
    YG1 = YG + VA * FCT
    AL = Sqr((XG - XG1) ^ 2 + (YG - YG1) ^ 2)
    If AL > 0.000001 Then
      XG2 = XG1 + ((XG - XG1) * Cos(TET) + (YG - YG1) * Sin(TET)) _
          / AL * FCT2
      YG2 = YG1 + ((YG - YG1) * Cos(TET) - (XG - XG1) * Sin(TET)) _
          / AL * FCT2
      XG3 = XG1 + ((XG - XG1) * Cos(TET) - (YG - YG1) * Sin(TET)) _
          / AL * FCT2
      YG3 = YG1 + ((YG - YG1) * Cos(TET) + (XG - XG1) * Sin(TET)) _
          / AL * FCT2
      Cells(II, 1) = XG
      Cells(II, 2) = YG
      Cells(II + 1, 1) = XG1
      Cells(II + 1, 2) = YG1
      Cells(II + 2, 1) = XG2
      Cells(II + 2, 2) = YG2
      Cells(II + 3, 1) = XG1
      Cells(II + 3, 2) = YG1
      Cells(II + 4, 1) = XG3
      Cells(II + 4, 2) = YG3
    End If
    II = II + 6
  Next I
Next K
II = 1
For J = 1 To MY - 1
  For I = 1 To MX - 1
    XG = DX * I
    YG = DY * J
    UA = U(I, J, MZ * 3 / 4 - 1)
    VA = V(I, J, MZ * 3 / 4 - 1)
```

```
        XG1 = XG + UA * FCT
        YG1 = YG + VA * FCT
        AL = Sqr((XG - XG1) ^ 2 + (YG - YG1) ^ 2)
        If AL > 0.000001 Then
          XG2 = XG1 + ((XG - XG1) * Cos(TET) + (YG - YG1) * Sin(TET)) _
              / AL * FCT2
          YG2 = YG1 + ((YG - YG1) * Cos(TET) - (XG - XG1) * Sin(TET)) _
              / AL * FCT2
          XG3 = XG1 + ((XG - XG1) * Cos(TET) - (YG - YG1) * Sin(TET)) _
              / AL * FCT2
          YG3 = YG1 + ((YG - YG1) * Cos(TET) + (XG - XG1) * Sin(TET)) _
              / AL * FCT2
          Cells(II, 4) = XG
          Cells(II, 5) = YG
          Cells(II + 1, 4) = XG1
          Cells(II + 1, 5) = YG1
          Cells(II + 2, 4) = XG2
          Cells(II + 2, 5) = YG2
          Cells(II + 3, 4) = XG1
          Cells(II + 3, 5) = YG1
          Cells(II + 4, 4) = XG3
          Cells(II + 4, 5) = YG3
          II = II + 6
        End If
      Next I
    Next J
End Sub
```

まず計算に用いるデータを定義したあとで，初期条件として速度や圧力を与えます（今の場合はすべて０）．同時にマスクの値も与えます．このプログラムでは障害物を１辺がキャビティの 1/4 の長さをもつ立方体とし，キャビティの中心が障害物の左前下と一致し，６面がキャビティの６面と平行であるとしています．次に速度と仮速度の境界条件を与えますが，上の壁が対角線方向に動いているとしています．そのあと，時間のループが始まります．はじめに式 (5.8) から各格子点で仮速度を求めます．この仮速度から式 (5.10) を用いて圧力のポアソン方程式の右辺 Q を計算します．そのあとガウス・ザイデル法を用いて圧力の反復計算を行います．このとき，式 (5.10) を $p_{i,j,k}$ について解いた式

$$p_{i,j,k} = \frac{1}{2/(\Delta x)^2 + 2/(\Delta y)^2 + 2/(\Delta z)^2} \times \left\{ \frac{p_{i-1,j,k} + p_{i+1,j,k}}{(\Delta x)^2} + \frac{p_{i,j-1,k} + p_{i,j+1,k}}{(\Delta y)^2} + \frac{p_{i,j,k-1} + p_{i,j,k+1}}{(\Delta z)^2} - Q_{i,j,k} \right\}$$

を反復に用います．圧力が反復ごとに変化するため，反復のループ内に圧力の境界条件（壁面の圧力が流体側に１格子ずれた点での圧力に等しい）が入っています．収束の判定は２次元の場合と同様です．圧力が求まれば式 (5.11) か

ら仮速度と圧力を用いて次の時間ステップの速度が求まります．この手続きをあらかじめ指定したステップ数繰り返したあと，結果を出力します．このプログラムでは側面に平行な中央断面（y が一定）の速度ベクトル（エクセルの表の1，2列目）と圧力（エクセルの表の4列目以降）が出力されます．

Fig.5.1 が実行結果ですが，比較のため Fig.5.1a に障害物がないとき（program5-1 でマスクをすべて1にしたもの）の実行結果も示します．

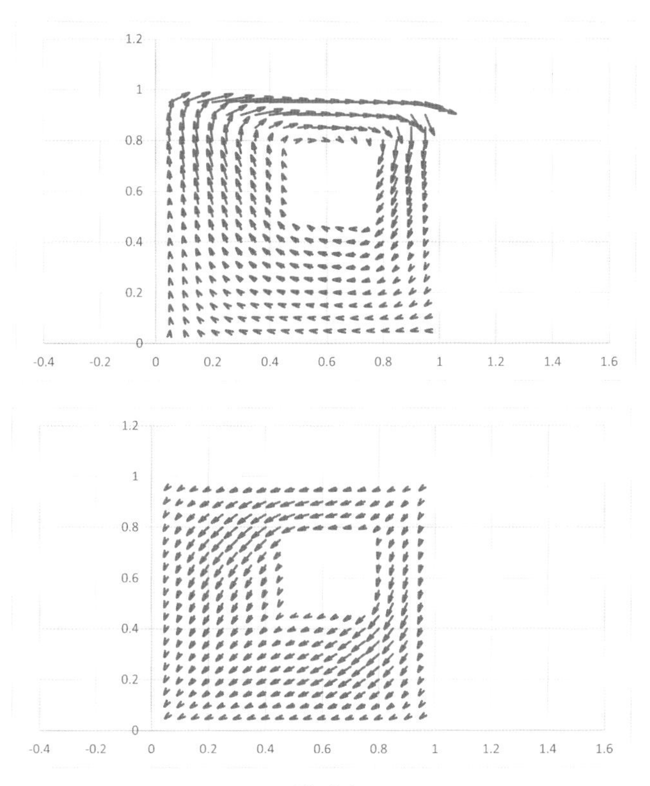

Fig.5.1

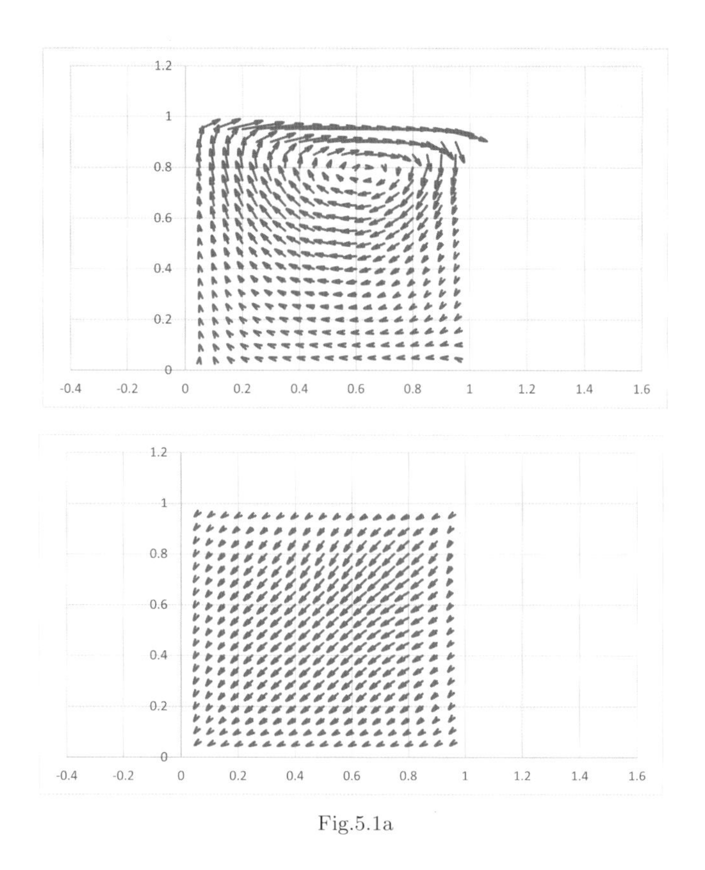

Fig.5.1a

5.2　任意形状の領域における３次元流れ

任意形状の領域で流れを解析するためには，２次元の場合と同じく，一般の座標変換を行って直方体領域で計算します．３次元の場合には変換関数として

$$\xi = \xi(x, y, z), \quad \eta = \eta(x, y, z), \quad \zeta = \zeta(x, y, z) \tag{5.12}$$

または

$$x = x(\xi, \eta, \zeta), \quad y = y(\xi, \eta, \zeta), \quad z = z(\xi, \eta, \zeta) \tag{5.13}$$

を用います．この場合，１階微分とラプラシアンは２次元と同様に考えて偏微分の変換式をつくることができます．すなわち，基礎となる関係式（下添え字は微分）は

$$
\begin{aligned}
f_x =& \xi_x f_\xi + \eta_x f_\eta + \zeta_x f_\zeta \\
f_y =& \xi_y f_\xi + \eta_y f_\eta + \zeta_y f_\zeta \\
f_z =& \xi_z f_\xi + \eta_z f_\eta + \zeta_z f_\zeta
\end{aligned} \tag{5.14}
$$

および

$$
\triangle f = C_1 f_{\xi\xi} + C_2 f_{\eta\eta} + C_3 f_{\zeta\zeta} + C_4 f_{\xi\eta} + C_5 f_{\eta\zeta} + C_6 f_{\zeta\xi} + C_7 f_\xi + C_8 f_\eta + C_9 f_\zeta \tag{5.15}
$$

ただし,

$$
\begin{aligned}
C_1 =& \xi_x^2 + \xi_y^2 + \xi_z^2, \quad C_2 = \eta_x^2 + \eta_y^2 + \eta_z^2, \quad C_3 = \zeta_x^2 + \zeta_y^2 + \zeta_z^2 \\
C_4 =& 2(\xi_x \eta_x + \xi_y \eta_y + \xi_z \eta_z) \\
C_5 =& 2(\eta_x \zeta_x + \eta_y \zeta_y + \eta_z \zeta_z) \\
C_6 =& 2(\zeta_x \xi_x + \zeta_y \xi_y + \zeta_z \xi_z) \\
C_7 =& \xi_{xx} + \xi_{yy} + \xi_{zz} = \xi_x(\xi_x)_\xi + \eta_x(\xi_x)_\eta + \zeta_x(\xi_x)_\zeta + \xi_y(\xi_y)_\xi \\
& + \eta_y(\xi_y)_\eta + \zeta_y(\xi_y)_\zeta + \xi_z(\xi_z)_\xi + \eta_z(\xi_z)_\eta + \zeta_z(\xi_z)_\zeta \\
C_8 =& \eta_{xx} + \eta_{yy} + \eta_{zz} = \xi_x(\eta_x)_\xi + \eta_x(\eta_x)_\eta + \zeta_x(\eta_x)_\zeta + \xi_y(\eta_y)_\xi \\
& + \eta_y(\eta_y)_\eta + \zeta_y(\eta_y)_\zeta + \xi_z(\eta_z)_\xi + \eta_z(\eta_z)_\eta + \zeta_z(\eta_z)_\zeta \\
C_9 =& \zeta_{xx} + \zeta_{yy} + \zeta_{zz} = \xi_x(\zeta_x)_\xi + \eta_x(\zeta_x)_\eta + \zeta_x(\zeta_x)_\zeta + \xi_y(\zeta_y)_\xi \\
& + \eta_y(\zeta_y)_\eta + \zeta_y(\zeta_y)_\zeta + \xi_z(\zeta_z)_\xi + \eta_z(\zeta_z)_\eta + \zeta_z(\zeta_z)_\zeta
\end{aligned} \tag{5.16}
$$

です.

ここで ξ_x などの係数は

$$
\begin{aligned}
\xi_x =& \frac{y_\eta z_\zeta - y_\zeta z_\eta}{J}, \quad \eta_x = \frac{y_\zeta z_\xi - y_\xi z_\zeta}{J}, \quad \zeta_x = \frac{y_\xi z_\eta - y_\eta z_\xi}{J} \\
\xi_y =& \frac{x_\zeta z_\eta - x_\eta z_\zeta}{J}, \quad \eta_y = \frac{x_\xi z_\zeta - x_\zeta z_\xi}{J}, \quad \zeta_y = \frac{x_\eta z_\xi - x_\xi z_\eta}{J} \\
\xi_z =& \frac{x_\eta y_\zeta - x_\zeta y_\eta}{J}, \quad \eta_z = \frac{x_\zeta y_\xi - x_\xi y_\zeta}{J}, \quad \zeta_z = \frac{x_\xi y_\eta - x_\eta y_\xi}{J}
\end{aligned} \tag{5.17}
$$

ただし

$$
J = x_\xi y_\eta z_\zeta + x_\eta y_\zeta z_\xi + x_\zeta y_\xi z_\eta - x_\xi y_\zeta z_\eta - x_\eta y_\xi z_\zeta - x_\zeta y_\eta z_\xi
$$

から計算します. またこれらを使って $C_1 \sim C_6$ も計算できます. なお, C_7, C_8, C_9 内の $(\xi_x)_\xi$ などは, ξ, η, ζ の微分を使って表現できますがその結果は

非常に煩雑です．そこで 2 次元でも行ったように．計算の過程で ξ_x を配列の形で記憶しておき，必要に応じて

$$(\xi_x)_\xi = \left\{(\xi_x)_{i+1,j,k} - (\xi_x)_{i-1,j,k}\right\}/2\Delta\xi$$

などから計算した方が簡単です．

このように任意領域の計算ではメトリックを多数使うため，多くの記憶容量が必要になります．配列の数を少しでも減らすためにフラクショナルステップ法の代わりに MAC 法を使うことがあります．MAC 法では仮速度を使わないため，仮速度を記憶する配列は不必要になります．以下，MAC 法について解説します．

ナビエ・ストークス方程式

$$\frac{\partial \vec{v}}{\partial t} + (\vec{v}\cdot\nabla)\vec{v} = -\nabla p + \frac{1}{Re}\triangle\vec{v}$$

の時間微分項を前進差分で近似すると

$$\vec{v}^{n+1} = \vec{v}^{n} + \Delta t\left\{-\left(\vec{v}^{n}\cdot\nabla\right)\vec{v}^{n} - \nabla p^{n} + \frac{1}{Re}\triangle\vec{v}^{n}\right\} \tag{5.18}$$

となります．この式の両辺の発散をとると

$$\nabla\cdot\vec{v}^{n+1} = \nabla\cdot\vec{v}^{n} + \Delta t\left\{-\nabla\cdot(\vec{v}^{n}\cdot\nabla)\vec{v}^{n} - \triangle p^{n} + \frac{1}{Re}\triangle\nabla\cdot\vec{v}^{n}\right\}$$

となりますが，左辺は連続の式から 0 です．同様に右辺第 1 項も 0 になるはずですが，数値計算では常に誤差が入ることと，現在 (n ステップ) の速度から計算できる量であるため，わざと残しておきます．以上のことを考慮すると上式は

$$\triangle p^{n} = -\nabla\cdot(\vec{v}^{n}\cdot\nabla)\vec{v}^{n} + \frac{D}{\Delta t} + \frac{1}{Re}\triangle D \quad (D = \nabla\cdot\vec{v}^{n}) \tag{5.19}$$

となります．式 (5.18)，(5.19) が MAC 法の基礎方程式です．圧力のポアソン方程式 (5.19) の右辺第 1 項は次のように変形できます．すなわち，

$$\begin{aligned}\nabla\cdot(\vec{v}\cdot\nabla)\vec{v} =& (uu_x + vu_y + wu_z)_x + (uv_x + vv_y + wv_z)_y \\ & + (uw_x + vw_y + ww_z)_z \\ =& u(u_x + v_y + w_z)_x + v(u_x + v_y + w_z)_y + w(u_x + v_y + w_z)_z \\ & + u_x^2 + v_y^2 + w_z^2 + 2(u_y v_x + w_y v_z + u_z w_x)\end{aligned}$$

であるため，連続の式を用いると

$$\nabla \cdot (\vec{v} \cdot \nabla)\vec{v} = u_x^2 + v_y^2 + w_z^2 + 2(u_y v_x + w_y v_z + u_z w_x)$$

となります．

式 (5.19) の右辺の各項の大きさを見積もってみます．第 1 項はふつうの大きさであり，第 2 項については，D はもともと小さい量ですが，それを小さな Δt で割っているため，必ずしも小さくありません．一方，第 3 項は D が小さい上，Re も大きな流れを考えることが多いため第 1 項や第 2 項に比べて非常に小さいと考えられます．したがって，ふつう第 3 項を無視しても結果にはほとんど差がありません．

以上のことを考慮して，MAC 法の基礎方程式を成分で書くと，

$$\triangle p^n = \frac{1}{\Delta t}(u_x + v_y + w_z) - \left\{ u_x^2 + v_y^2 + w_z^2 + 2(u_y v_x + w_y v_z + u_z w_x) \right\} \tag{5.20}$$

$$\begin{aligned} u^{n+1} &= u + \Delta t \left(-u u_x - v u_y - w u_z - p_x + \frac{1}{Re} \triangle u \right) \\ v^{n+1} &= v + \Delta t \left(-u v_x - v v_y - w v_z - p_y + \frac{1}{Re} \triangle v \right) \\ w^{n+1} &= w + \Delta t \left(-u w_x - v w_y - w w_z - p_z + \frac{1}{Re} \triangle w \right) \end{aligned} \tag{5.21}$$

となります（右辺の各項は時刻 n での値を表します）．

実際の計算は一般座標でおこなうため，上式を一般座標変換します．このとき u^{n+1} に対する方程式の非線形項は

$$\begin{aligned} &u u_x + v u_y + w u_z \\ &= u(\xi_x u_\xi + \eta_x u_\eta + \zeta_x u_\zeta) + v(\xi_y u_\xi + \eta_y u_\eta + \zeta_y u_\zeta) + w(\xi_z u_\xi + \eta_z u_\eta + \zeta_z u_\zeta) \\ &= (u\xi_x + v\xi_y + w\xi_z) u_\xi + (u\eta_x + v\eta_y + w\eta_z) u_\eta + (u\zeta_x + v\zeta_y + w\zeta_z) u_\zeta \\ &= U u_\xi + V u_\eta + W u_\zeta \end{aligned}$$

ただし

$$U = u\xi_x + v\xi_y + w\xi_z, \quad V = u\eta_x + v\eta_y + w\eta_z, \quad W = u\zeta_x + v\zeta_y + w\zeta_z \tag{5.22}$$

と書けます．同様に，v^{n+1}，w^{n+1} に対する方程式の非線形項は式 (5.20) の U, V, W を用いて

$$
\begin{aligned}
uv_x + vv_y + wv_z =& Uv_\xi + Vv_\eta + Wv_\zeta \\
uw_x + vw_y + ww_z =& Uw_\xi + Vw_\eta + Ww_\zeta
\end{aligned}
$$

と書けます．その他，式 (5.20),(5.21) に現れる1階微分は適宜，式 (5.14) を用いて ξ, η, ζ に関する微分のみを含んだ式に，またラプラシアンは式 (5.15) を用いて ξ, η, ζ に関するラプラシアンに書き換えたものが一般座標系における MAC 法の基礎方程式になります．

program5-2 は一般座標を用いた MAC 法による3次元解析プログラムです．2次元キャビティ流れのプログラムと3次元キャビティプログラムの構造が同じであったように，2次元の一般座標のプログラムと3次元の一般座標の構造は同じです．すなわち，プログラムには計算に使うデータを定義する部分，格子を生成する部分，メトリックを計算する部分，初期条件を与える部分，速度の境界条件を与える部分があり，それらが順番に記述されています．そのあと，時間進行を行いますが，本プログラムでは MAC 法を用いているため，まずある時間ステップでの速度を用いてポアソン方程式の右辺を計算し，一旦配列に記憶します．そしてそれを用いてガウス・ザイデル法により圧力の反復計算を行います．反復式は一般座標で表現された式を $p_{i,j,k}$ について解いた式，すなわち

$$
\begin{aligned}
p_{i,j,k} =& \frac{1}{2(C1_{i,j,k} + C2_{i,j,k} + C3_{i,j,k})} \times (C1_{i,j,k}(p_{i-1,j,k} + p_{i+1,j,k}) \\
&+ C2_{i,j,k}(p_{i,j-1,k} + p_{i,j+1,k}) + (C3_{i,j,k}(p_{i,j,k-1} + p_{i,j,k+1}) \\
&+ C4_{i,j,k}\frac{p_{i,j+1,k+1} - p_{i,j+1,k-1} - p_{i,j-1,k+1} + p_{i,j-1,k-1}}{4} \\
&+ C5_{i,j,k}\frac{p_{i+1,j,k+1} - p_{i+1,j,k-1} - p_{i-1,j,k+1} + p_{i-1,j,k-1}}{4} \\
&+ C6_{i,j,k}\frac{p_{i+1,j+1,k} - p_{i+1,j-1,k} - p_{i-1,j+1,k} + p_{i-1,j-1,k}}{4} \\
&+ C7_{i,j,k}\frac{p_{i+1,j,k} - p_(i-1,j,k)}{2} + C8_{i,j,k}\frac{p_{i,j+1,k} - p_(i,j-1,k)}{2} \\
&+ C9_{i,j,k}\frac{p_{i,j,k+1} - p_(i,j,k-1)}{2}
\end{aligned}
$$

を用います．圧力には定数の不定性があるため，反復を行う前に特定の点における圧力を差し引いて，その点の値を基準値とします．圧力の値は反復ごとに変化するため，圧力の境界条件（となりの格子点の値と等しくする）は反復の中に入れます．圧力が求まったあとで，式 (5.21) を一般座標で表現した式を用いて次の時間ステップの速度を求めます．

program 5-2

```
Sub FLOW3D()
  Dim X(40, 40, 10), Y(40, 40, 10), Z(40, 40, 10)
  Dim XX(40, 40, 10), XY(40, 40, 10), XZ(40, 40, 10)
  Dim YX(40, 40, 10), YY(40, 40, 10), YZ(40, 40, 10)
  Dim ZX(40, 40, 10), ZY(40, 40, 10), ZZ(40, 40, 10), C1(40, 40, 10)
  Dim C2(40, 40, 10), C3(40, 40, 10), C4(40, 40, 10), C5(40, 40, 10)
  Dim C6(40, 40, 10), C7(40, 40, 10), C8(40, 40, 10), C9(40, 40, 10)
  Dim MSK(40, 40, 10), U(40, 40, 10), V(40, 40, 10), W(40, 40, 10)
  Dim P(40, 40, 10), Q(40, 40, 10), D(40, 40, 10), S(40, 40, 10)
  Dim XJ(40), YJ(40), ZJ(40), XK(40), YK(40), ZK(40), XL(40), YL(40), ZL(40)
  Dim US(40), UA(40), UN(40), UL(40), VS(40), VA(40), VN(40), VL(40)
  Dim WS(40), WA(40), WN(40), WL(40), XC(40), YC(40)
  Cells.Clear
  EEP = 0.000001
  EPS = 0.00001
  PAI = 4# * Atn(1#)
  IMAX = 10
  RE = 200
  DT = 0.005
  ITY = InputBox("流れのタイプ　0: エルボ　1: U字管　2: 傾斜円柱 ")
  NMAX = InputBox("時間ステップ数")
  IUP = InputBox("差分のタイプ　0: 中心差分　1: 上流差分")
  If ITY = 0 Then
    JMAX = 20
    KMAX = 40
    LMAX = 10
    KH = KMAX / 2
    FCT = 1.15
    DH = 0.2
    YC(KH) = 0#
    For K = KH - 1 To 0 Step -1
      YC(K) = YC(K + 1) - DH * FCT ^ (KH - K)
    Next K
    XC(KH) = 0#
    For K = KH + 1 To KMAX
      XC(K) = XC(K - 1) - DH * FCT ^ (K - KH)
    Next K
    DZ = 0.5 / LMAX
    DS = 2# * PAI / (JMAX - 1)
    For K = 0 To KH
      For L = 0 To LMAX
        For J = 0 To JMAX
          RL = DZ * L + 0.05
          ST = DS * J
          X(J, K, L) = RL * Cos(ST)
          Z(J, K, L) = RL * Sin(ST)
        Next J
      Next L
    Next K
```

```
    For K = 0 To KH
      TET = PAI / 4# * K / KH
      For L = 0 To LMAX
        For J = 0 To JMAX
          Y(J, K, L) = YC(K) + X(J, K, L) * Sin(TET) / Cos(TET)
        Next J
      Next L
    Next K
    For L = 0 To LMAX
      For J = 0 To JMAX
        For K = KH + 1 To KMAX
          KK = KMAX - K
          X(J, K, L) = Y(J, KK, L)
          Y(J, K, L) = X(J, KK, L)
          Z(J, K, L) = Z(J, KK, L)
        Next K
      Next J
    Next L
  End If
  If ITY = 1 Then
    JMAX = 40
    KMAX = 20
    LMAX = 10
    JS = JMAX / 2 - 6
    JL = JMAX / 2 + 6
    AA = 2#
    BB = 4#
    RA = 1.075
    DH = (BB - AA) / 2 / LMAX
    DST = PAI / KMAX
    DAT = PAI / (JL - JS)
    DZ = DAT * AA
    For L = 0 To LMAX
      For K = 0 To KMAX
        TETA = DST * K
        X(JS, K, L) = DH * L * Cos(TETA) + (BB + AA) / 2
        Z(JS, K, L) = 0#
        Y(JS, K, L) = DH * L * Sin(TETA)
      Next K
    Next L
    For L = 0 To LMAX
      For K = 0 To KMAX
        For J = JS + 1 To JL
          ALPA = DAT * (J - JS)
          X(J, K, L) = X(JS, K, L) * Cos(ALPA) - Z(JS, K, L) * Sin(ALPA)
          Z(J, K, L) = X(JS, K, L) * Sin(ALPA) + Z(JS, K, L) * Cos(ALPA)
          Y(J, K, L) = Y(JS, K, L)
        Next J
      Next K
    Next L
    For L = 0 To LMAX
      For K = 0 To KMAX
        For J = JS - 1 To 0 Step -1
          X(J, K, L) = X(JS, K, L)
          Z(J, K, L) = Z(J + 1, K, L) - DZ * RA ^ (JS - J)
          Y(J, K, L) = Y(JS, K, L)
        Next J
      Next K
    Next L
    For L = 0 To LMAX
      For K = 0 To KMAX
        For J = JL + 1 To JMAX
          X(J, K, L) = X(JL, K, L)
          Z(J, K, L) = Z(J - 1, K, L) - DZ * RA ^ (J - JL)
```

```
        Y(J, K, L) = Y(JL, K, L)
      Next J
    Next K
  Next L
ElseIf ITY = 2 Then
  JMAX = 20
  KMAX = 40
  LMAX = 10
  AA = 0.4
  BB = 1#
  HH = 0.1
  DZ = 0.2
  RA = 1.175
  RR = 1#
  For J = 0 To JMAX
    RR = RR + HH * RA ^ J
    For K = 0 To KMAX
      TT = 2# * PAI * K / (KMAX - 1)
      BC = BB + (AA - BB) * J / JMAX
      X(J, K, 0) = AA * RR * Cos(TT)
      Y(J, K, 0) = BC * RR * Sin(TT)
      Z(J, K, 0) = 0#
    Next K
  Next J
  For L = 1 To LMAX
    For K = 0 To KMAX
      For J = 0 To JMAX
        Y(J, K, L) = Y(J, K, 0)
        X(J, K, L) = X(J, K, 0) + DZ * L * Sin(PAI / 4#) / Cos(PAI / 4#)
        Z(J, K, L) = Z(J, K, 0) + DZ * L
      Next J
    Next K
  Next L
End If

DX2 = 2#
DY2 = 2#
DZ2 = 2#
For L = 0 To LMAX
  For K = 0 To KMAX
    J = 0
    XJ(J) = -(3 * X(J, K, L) - 4# * X(J + 1, K, L) + X(J + 2, K, L)) / DX2
    YJ(J) = -(3# * Y(J, K, L) - 4# * Y(J + 1, K, L) + Y(J + 2, K, L)) / DX2
    ZJ(J) = -(3# * Z(J, K, L) - 4# * Z(J + 1, K, L) + Z(J + 2, K, L)) / DX2
    If ITY = 0 Then
      XL(J) = (X(1, K, L) - X(JMAX - 2, K, L)) / DY2
      YL(J) = (Y(1, K, L) - Y(JMAX - 2, K, L)) / DY2
      ZL(J) = (Z(1, K, L) - Z(JMAX - 2, K, L)) / DY2
    End If
    For J = 1 To JMAX - 1
      XJ(J) = (X(J + 1, K, L) - X(J - 1, K, L)) / DX2
      YJ(J) = (Y(J + 1, K, L) - Y(J - 1, K, L)) / DX2
      ZJ(J) = (Z(J + 1, K, L) - Z(J - 1, K, L)) / DX2
    Next J
    J = JMAX
    XJ(J) = (3# * X(J, K, L) - 4# * X(J - 1, K, L) + X(J - 2, K, L)) / DX2
    YJ(J) = (3# * Y(J, K, L) - 4# * Y(J - 1, K, L) + Y(J - 2, K, L)) / DX2
    ZJ(J) = (3# * Z(J, K, L) - 4# * Z(J - 1, K, L) + Z(J - 2, K, L)) / DX2
    If ITY = 0 Then
      XL(J) = (X(2, K, L) - X(JMAX - 1, K, L)) / DY2
      YL(J) = (Y(2, K, L) - Y(JMAX - 1, K, L)) / DY2
      ZL(J) = (Z(2, K, L) - Z(JMAX - 1, K, L)) / DY2
    End If
    If K = 0 Then
```

```
    For J = 0 To JMAX
      If ITY = 2 Then
        XL(J) = (X(J, 1, L) - X(J, KMAX - 2, L)) / DY2
        YL(J) = (Y(J, 1, L) - Y(J, KMAX - 2, L)) / DY2
        ZL(J) = (Z(J, 1, L) - Z(J, KMAX - 2, L)) / DY2
      Else
        XK(J) = -(3# * X(J, K, L) - 4# * X(J, K + 1, L) _
              + X(J, K + 2, L)) / DY2
        YK(J) = -(3# * Y(J, K, L) - 4# * Y(J, K + 1, L) _
              + Y(J, K + 2, L)) / DY2
        ZK(J) = -(3# * Z(J, K, L) - 4# * Z(J, K + 1, L) _
              + Z(J, K + 2, L)) / DY2
      End If
    Next J
  ElseIf K = KMAX Then
    For J = 0 To JMAX
      If ITY = 2 Then
        XL(J) = (X(J, 2, L) - X(J, KMAX - 1, L)) / DY2
        YL(J) = (Y(J, 2, L) - Y(J, KMAX - 1, L)) / DY2
        ZL(J) = (Z(J, 2, L) - Z(J, KMAX - 1, L)) / DY2
      Else
        XK(J) = (3# * X(J, K, L) - 4# * X(J, K - 1, L) _
                + X(J, K - 2, L)) / DY2
        YK(J) = (3# * Y(J, K, L) - 4# * Y(J, K - 1, L) _
                + Y(J, K - 2, L)) / DY2
        ZK(J) = (3# * Z(J, K, L) - 4# * Z(J, K - 1, L) _
                + Z(J, K - 2, L)) / DY2
      End If
    Next J
  Else
    For J = 0 To JMAX
      XK(J) = (X(J, K + 1, L) - X(J, K - 1, L)) / DY2
      YK(J) = (Y(J, K + 1, L) - Y(J, K - 1, L)) / DY2
      ZK(J) = (Z(J, K + 1, L) - Z(J, K - 1, L)) / DY2
    Next J
  End If
  If L = 0 Then
    For J = 0 To JMAX
      XL(J) = -(3# * X(J, K, L) - 4# * X(J, K, L + 1) _
                + X(J, K, L + 2)) / DZ2
      YL(J) = -(3# * Y(J, K, L) - 4# * Y(J, K, L + 1) _
                + Y(J, K, L + 2)) / DZ2
      ZL(J) = -(3# * Z(J, K, L) - 4# * Z(J, K, L + 1) _
                + Z(J, K, L + 2)) / DZ2
    Next J
  ElseIf L = LMAX Then
    For J = 1 To JMAX
      XL(J) = (3# * X(J, K, L) - 4# * X(J, K, L - 1) _
              + X(J, K, L - 2)) / DZ2
      YL(J) = (3# * Y(J, K, L) - 4# * Y(J, K, L - 1) _
              + Y(J, K, L - 2)) / DZ2
      ZL(J) = (3# * Z(J, K, L) - 4# * Z(J, K, L - 1) _
              + Z(J, K, L - 2)) / DZ2
    Next J
  Else
    For J = 0 To JMAX
      XL(J) = (X(J, K, L + 1) - X(J, K, L - 1)) / DZ2
      YL(J) = (Y(J, K, L + 1) - Y(J, K, L - 1)) / DZ2
      ZL(J) = (Z(J, K, L + 1) - Z(J, K, L - 1)) / DZ2
    Next J
  End If
  For J = 0 To JMAX
    QJ = XJ(J) * YK(J) * ZL(J) + XL(J) * YJ(J) * ZK(J) _
       + XK(J) * YL(J) * ZJ(J)
```

```
      Q(J, K, L) = QJ - XJ(J) * YL(J) * ZK(J) - XL(J) * YK(J) * ZJ(J) _
         - XK(J) * YJ(J) * ZL(J)
    Next J
    For J = 0 To JMAX
      Q(J, K, L) = 1# / (Q(J, K, L) + EEP)
    Next J
    For J = 0 To JMAX
      XX(J, K, L) = (YK(J) * ZL(J) - ZK(J) * YL(J)) * Q(J, K, L)
      XY(J, K, L) = (ZK(J) * XL(J) - XK(J) * ZL(J)) * Q(J, K, L)
      XZ(J, K, L) = (XK(J) * YL(J) - YK(J) * XL(J)) * Q(J, K, L)
      YX(J, K, L) = (ZJ(J) * YL(J) - YJ(J) * ZL(J)) * Q(J, K, L)
      YY(J, K, L) = (XJ(J) * ZL(J) - ZJ(J) * XL(J)) * Q(J, K, L)
      YZ(J, K, L) = (YJ(J) * XL(J) - XJ(J) * YL(J)) * Q(J, K, L)
      ZX(J, K, L) = (YJ(J) * ZK(J) - ZJ(J) * YK(J)) * Q(J, K, L)
      ZY(J, K, L) = (XK(J) * ZJ(J) - XJ(J) * ZK(J)) * Q(J, K, L)
      ZZ(J, K, L) = (XJ(J) * YK(J) - YJ(J) * XK(J)) * Q(J, K, L)
    Next J
  Next K
Next L

For L = 0 To LMAX
  For K = 0 To KMAX
    For J = 0 To JMAX
      C1(J, K, L) = XX(J, K, L) ^ 2 + XY(J, K, L) ^ 2 + XZ(J, K, L) ^ 2
      C2(J, K, L) = YX(J, K, L) ^ 2 + YY(J, K, L) ^ 2 + YZ(J, K, L) ^ 2
      C3(J, K, L) = ZX(J, K, L) ^ 2 + ZY(J, K, L) ^ 2 + ZZ(J, K, L) ^ 2
      C4(J, K, L) = XX(J, K, L) * YX(J, K, L) _
                  + XY(J, K, L) * YY(J, K, L) + XZ(J, K, L) * YZ(J, K, L)
      C5(J, K, L) = YX(J, K, L) * ZX(J, K, L) _
                  + YY(J, K, L) * ZY(J, K, L) + YZ(J, K, L) * ZZ(J, K, L)
      C6(J, K, L) = ZX(J, K, L) * XX(J, K, L) _
                  + ZY(J, K, L) * XY(J, K, L) + ZZ(J, K, L) * XZ(J, K, L)
    Next J
  Next K
Next L
For L = 1 To LMAX - 1
  For K = 1 To KMAX - 1
    For J = 1 To JMAX - 1
      C77 = XX(J, K, L) * (XX(J + 1, K, L) - XX(J - 1, K, L)) _
          + YX(J, K, L) * (XX(J, K + 1, L) - XX(J, K - 1, L)) _
          + ZX(J, K, L) * (XX(J, K, L + 1) - XX(J, K, L - 1)) _
          + XY(J, K, L) * (XY(J + 1, K, L) - XY(J - 1, K, L)) _
          + YY(J, K, L) * (XY(J, K + 1, L) - XY(J, K - 1, L)) _
          + ZY(J, K, L) * (XY(J, K, L + 1) - XY(J, K, L - 1)) _
          + XZ(J, K, L) * (XZ(J + 1, K, L) - XZ(J - 1, K, L)) _
          + YZ(J, K, L) * (XZ(J, K + 1, L) - XZ(J, K - 1, L)) _
          + ZZ(J, K, L) * (XZ(J, K, L + 1) - XZ(J, K, L - 1))
      C88 = XX(J, K, L) * (YX(J + 1, K, L) - YX(J - 1, K, L)) _
          + YX(J, K, L) * (YX(J, K + 1, L) - YX(J, K - 1, L)) _
          + ZX(J, K, L) * (YX(J, K, L + 1) - YX(J, K, L - 1)) _
          + XY(J, K, L) * (YY(J + 1, K, L) - YY(J - 1, K, L)) _
          + YY(J, K, L) * (YY(J, K + 1, L) - YY(J, K - 1, L)) _
          + ZY(J, K, L) * (YY(J, K, L + 1) - YY(J, K, L - 1)) _
          + XZ(J, K, L) * (YZ(J + 1, K, L) - YZ(J - 1, K, L)) _
          + YZ(J, K, L) * (YZ(J, K + 1, L) - YZ(J, K - 1, L)) _
          + ZZ(J, K, L) * (YZ(J, K, L + 1) - YZ(J, K, L - 1))
      C99 = XX(J, K, L) * (ZX(J + 1, K, L) - ZX(J - 1, K, L)) _
          + YX(J, K, L) * (ZX(J, K + 1, L) - ZX(J, K - 1, L)) _
          + ZX(J, K, L) * (ZX(J, K, L + 1) - ZX(J, K, L - 1)) _
          + XY(J, K, L) * (ZY(J + 1, K, L) - ZY(J - 1, K, L)) _
          + YY(J, K, L) * (ZY(J, K + 1, L) - ZY(J, K - 1, L)) _
          + ZY(J, K, L) * (ZY(J, K, L + 1) - ZY(J, K, L - 1)) _
          + XZ(J, K, L) * (ZZ(J + 1, K, L) - ZZ(J - 1, K, L)) _
          + YZ(J, K, L) * (ZZ(J, K + 1, L) - ZZ(J, K - 1, L)) _
```

```
            + ZZ(J, K, L) * (ZZ(J, K, L + 1) - ZZ(J, K, L - 1))
        C7(J, K, L) = C77 * 0.5
        C8(J, K, L) = C88 * 0.5
        C9(J, K, L) = C99 * 0.5
      Next J
    Next K
  Next L
  If ITY = 0 Then
    For L = 0 To LMAX
      For J = 0 To JMAX
        For K = 0 To KMAX / 2
          U(J, K, L) = 0#
          V(J, K, L) = 1# * (KMAX / 2 - K) / (KMAX / 2)
          W(J, K, L) = 0#
          P(J, K, L) = 0#
        Next K
        For K = KMAX / 2 To KMAX
          U(J, K, L) = -1# * (K - KMAX / 2) / (KMAX / 2)
          V(J, K, L) = 0#
          W(J, K, L) = 0#
          P(J, K, L) = 0#
        Next K
      Next J
    Next L
  ElseIf ITY = 1 Then
    For L = 0 To LMAX
      For K = 0 To KMAX
        For J = 0 To JMAX
          V(J, K, L) = 0#
          P(J, K, L) = 0#
        Next J
        For J = 0 To JMAX / 2 - 5
          U(J, K, L) = 0#
          W(J, K, L) = 1#
        Next J
        For J = JMAX / 2 - 4 To JMAX / 2 + 4
          U(J, K, L) = -1#
          W(J, K, L) = 0#
        Next J
        For J = JMAX / 2 + 5 To JMAX
          U(J, K, L) = 0#
          W(J, K, L) = -1#
        Next J
      Next K
    Next L
  ElseIf ITY = 2 Then
    For L = 0 To LMAX
      For K = 0 To KMAX
        For J = 0 To JMAX
          U(J, K, L) = Cos(PAI / 6#)
          V(J, K, L) = Sin(PAI / 6#)
          W(J, K, L) = 0#
          P(J, K, L) = 0#
        Next J
      Next K
    Next L
  End If
  For L = 0 To LMAX
    For K = 0 To KMAX
      For J = 0 To JMAX
        MSK(J, K, L) = 0
      Next J
    Next K
  Next L
```

```
For L = 2 To LMAX - 2
  For K = 2 To KMAX - 2
    For J = 2 To JMAX - 2
      MSK(J, K, L) = 2
    Next J
  Next K
Next L
For N = 1 To NMAX
  '  境界条件
  If ITY = 0 Then
    For K = 0 To KMAX
      For L = 0 To LMAX
        U(JMAX, K, L) = U(1, K, L)
        U(0, K, L) = U(JMAX - 1, K, L)
        V(JMAX, K, L) = V(1, K, L)
        V(0, K, L) = V(JMAX - 1, K, L)
        W(JMAX, K, L) = W(1, K, L)
        W(0, K, L) = W(JMAX - 1, K, L)
      Next L
    Next K
    For K = 0 To KMAX
      For J = 0 To JMAX
        U(J, K, LMAX) = 0#
        U(J, K, 0) = 0#
        V(J, K, LMAX) = 0#
        V(J, K, 0) = 0#
        W(J, K, LMAX) = 0#
        W(J, K, 0) = 0#
      Next J
    Next K
    For L = 0 To LMAX
      For J = 0 To JMAX
        U(J, 0, L) = 0#
        U(J, KMAX, L) = -1#
        V(J, 0, L) = 1#
        V(J, KMAX, L) = 0#
        W(J, 0, L) = 0#
        W(J, KMAX, L) = 0#
      Next J
    Next L
    For K = 0 To KMAX
      For J = 0 To JMAX
        JJ = J + JMAX / 2
        If JJ > JMAX Then JJ = J - JMAX / 2
        U(J, K, 0) = U(JJ, K, 1)
        V(J, K, 0) = V(JJ, K, 1)
        W(J, K, 0) = W(JJ, K, 1)
      Next J
    Next K
  ElseIf ITY = 1 Then
    For L = 0 To LMAX
      For K = 0 To KMAX
        U(0, K, L) = 0#
        V(0, K, L) = 0#
        W(0, K, L) = 1#
        U(JMAX, K, L) = 0#
        V(JMAX, K, L) = 0#
        W(JMAX, K, L) = -1#
      Next K
    Next L
    For K = 0 To KMAX
      For J = 0 To JMAX
        U(J, K, LMAX) = 0#
        U(J, K, 0) = U(J, K, 1)
```

```
        V(J, K, LMAX) = 0#
        V(J, K, 0) = V(J, K, 1)
        W(J, K, LMAX) = 0#
        W(J, K, 0) = W(J, K, 1)
      Next J
    Next K
    For L = 0 To LMAX
      For J = 0 To JMAX
        U(J, 0, L) = U(J, 1, L)
        U(J, KMAX, L) = U(J, KMAX - 1, L)
        W(J, 0, L) = W(J, 1, L)
        W(J, KMAX, L) = W(J, KMAX - 1, L)
        V(J, 0, L) = 0#
        V(J, KMAX, L) = 0#
      Next J
    Next L
  ElseIf ITY = 2 Then
    For L = 0 To LMAX
      For K = 0 To KMAX
        U(0, K, L) = 0#
        V(0, K, L) = 0#
        W(0, K, L) = 0#
        U(JMAX, K, L) = Cos(PAI / 6#)
        V(JMAX, K, L) = Sin(PAI / 6#)
        W(JMAX, K, L) = W(JMAX - 1, K, L) * 0#
      Next K
    Next L
    For K = 0 To KMAX
      For J = 0 To JMAX
        U(J, K, LMAX) = 0#
        U(J, K, 0) = 0#
        V(J, K, LMAX) = 0#
        V(J, K, 0) = 0#
        W(J, K, LMAX) = 0#
        W(J, K, 0) = 0#
      Next J
    Next K
    For L = 0 To LMAX
      For J = 0 To JMAX
        U(J, 0, L) = U(J, KMAX - 1, L)
        U(J, KMAX, L) = U(J, 1, L)
        V(J, 0, L) = V(J, KMAX - 1, L)
        V(J, KMAX, L) = V(J, 1, L)
        W(J, 0, L) = W(J, KMAX - 1, L)
        W(J, KMAX, L) = W(J, 1, L)
      Next J
    Next L
  End If
  ' ポアソン方程式右辺
  For L = 1 To LMAX - 1
    For K = 1 To KMAX - 1
      For J = 1 To JMAX - 1
        UJ = (U(J + 1, K, L) - U(J - 1, K, L)) * 0.5
        VJ = (V(J + 1, K, L) - V(J - 1, K, L)) * 0.5
        WJ = (W(J + 1, K, L) - W(J - 1, K, L)) * 0.5
        UK = (U(J, K + 1, L) - U(J, K - 1, L)) * 0.5
        VK = (V(J, K + 1, L) - V(J, K - 1, L)) * 0.5
        WK = (W(J, K + 1, L) - W(J, K - 1, L)) * 0.5
        UM = (U(J, K, L + 1) - U(J, K, L - 1)) * 0.5
        VM = (V(J, K, L + 1) - V(J, K, L - 1)) * 0.5
        WM = (W(J, K, L + 1) - W(J, K, L - 1)) * 0.5
        UX = XX(J, K, L) * UJ + YX(J, K, L) * UK + ZX(J, K, L) * UM
        VX = XX(J, K, L) * VJ + YX(J, K, L) * VK + ZX(J, K, L) * VM
        WX = XX(J, K, L) * WJ + YX(J, K, L) * WK + ZX(J, K, L) * WM
```

```
      UY = XY(J, K, L) * UJ + YY(J, K, L) * UK + ZY(J, K, L) * UM
      VY = XY(J, K, L) * VJ + YY(J, K, L) * VK + ZY(J, K, L) * VM
      WY = XY(J, K, L) * WJ + YY(J, K, L) * WK + ZY(J, K, L) * WM
      UZ = XZ(J, K, L) * UJ + YZ(J, K, L) * UK + ZZ(J, K, L) * UM
      VZ = XZ(J, K, L) * VJ + YZ(J, K, L) * VK + ZZ(J, K, L) * VM
      WZ = XZ(J, K, L) * WJ + YZ(J, K, L) * WK + ZZ(J, K, L) * WM
      Q(J, K, L) = -UX * UX - VY * VY - WZ * WZ _
        - 2# * (VX * UY + WY * VZ + UZ * WX) + (UX + VY + WZ) / DT
    Next J
  Next K
Next L
PBASE = P(1, 1, 1)
For L = 0 To LMAX
  For K = 0 To KMAX
    For J = 0 To JMAX
      P(J, K, L) = P(J, K, L) - PBASE
    Next J
  Next K
Next L
' ポアソン方程式（反復法）
For II = 1 To IMAX
  If ITY = 0 Then
    For L = 0 To LMAX
      For K = 0 To KMAX
        P(0, K, L) = P(JMAX - 1, K, L)
        P(JMAX, K, L) = P(1, K, L)
      Next K
    Next L
    For K = 0 To KMAX
      For J = 0 To JMAX
        JJ = J + JMAX / 2
        If JJ > JMAX Then JJ = J - JMAX / 2
        P(J, K, 0) = P(JJ, K, 1)
      Next J
    Next K
    For L = 0 To LMAX
      For J = 0 To JMAX
        P(J, 0, L) = P(J, 1, L)
        P(J, KMAX, L) = P(J, KMAX - 1, L)
      Next J
    Next L
  ElseIf ITY = 1 Then
    For L = 0 To LMAX
      For K = 0 To KMAX
        P(0, K, L) = P(1, K, L)
        P(JMAX, K, L) = P(JMAX - 1, K, L)
      Next K
    Next L
    For L = 0 To LMAX
      For J = 0 To JMAX
        P(J, KMAX, L) = P(J, KMAX - 1, L)
        P(J, 0, L) = P(J, 1, L)
      Next J
    Next L
  ElseIf ITY = 2 Then
    For L = 0 To LMAX
      For K = 0 To KMAX
        P(0, K, L) = P(1, K, L)
        P(JMAX, K, L) = P(JMAX - 1, K, L)
      Next K
    Next L
    For L = 0 To LMAX
      For J = 0 To JMAX
        P(J, 0, L) = P(J, KMAX - 1, L)
```

```
        P(J, KMAX, L) = P(J, 1, L)
      Next J
    Next L
  End If
  For K = 0 To KMAX
    For J = 0 To JMAX
      P(J, K, LMAX) = P(J, K, LMAX - 1)
      P(J, K, 0) = P(J, K, 1)
    Next J
  Next K
  GOSA = 0#
  For L = 1 To LMAX - 1
    For K = 1 To KMAX - 1
      For J = 1 To JMAX - 1
        PB = P(J, K, L)
        PA = C1(J, K, L) * (P(J + 1, K, L) + P(J - 1, K, L)) _
           + C2(J, K, L) * (P(J, K + 1, L) + P(J, K - 1, L)) _
           + C3(J, K, L) * (P(J, K, L + 1) + P(J, K, L - 1)) _
           + C7(J, K, L) * (P(J + 1, K, L) - P(J - 1, K, L)) * 0.5 _
           + C8(J, K, L) * (P(J, K + 1, L) - P(J, K - 1, L)) * 0.5 _
           + C9(J, K, L) * (P(J, K, L + 1) - P(J, K, L - 1)) * 0.5 _
           + C4(J, K, L) * (P(J + 1, K + 1, L) - P(J - 1, K + 1, L) _
             - P(J + 1, K - 1, L) + P(J - 1, K - 1, L)) / 2# _
           + C5(J, K, L) * (P(J, K + 1, L + 1) - P(J, K - 1, L + 1) _
             - P(J, K + 1, L - 1) + P(J, K - 1, L - 1)) / 2# _
           + C6(J, K, L) * (P(J + 1, K, L + 1) - P(J - 1, K, L + 1) _
             - P(J + 1, K, L - 1) + P(J - 1, K, L - 1)) / 2#
        P(J, K, L) = (PA - Q(J, K, L)) _
           / (2# * C1(J, K, L) + 2# * C2(J, K, L) + 2# * C3(J, K, L))
        GOSA = GOSA + Abs(P(J, K, L) - PB)
        If GOSA < EPS Then Exit For
      Next J
    Next K
  Next L
Next II
' ナビエ・ストークス方程式の時間発展
For L = 1 To LMAX - 1
  For K = 1 To KMAX - 1
    For J = 1 To JMAX - 1
      UP = U(J, K, L) * XX(J, K, L) + V(J, K, L) * XY(J, K, L) _
         + W(J, K, L) * XZ(J, K, L)
      VP = U(J, K, L) * YX(J, K, L) + V(J, K, L) * YY(J, K, L) _
         + W(J, K, L) * YZ(J, K, L)
      WP = U(J, K, L) * ZX(J, K, L) + V(J, K, L) * ZY(J, K, L) _
         + W(J, K, L) * ZZ(J, K, L)
      US(J) = UP
      VS(J) = VP
      WS(J) = WP
      UA(J) = Abs(UP)
      VA(J) = Abs(VP)
      WA(J) = Abs(WP)
    Next J
    If IUP = 0 Then
      ' 非線形項中心差分
      For J = 1 To JMAX - 1
        UNN = US(J) * (U(J + 1, K, L) - U(J - 1, K, L)) _
            + VS(J) * (U(J, K + 1, L) - U(J, K - 1, L)) _
            + WS(J) * (U(J, K, L + 1) - U(J, K, L - 1))
        VNN = US(J) * (V(J + 1, K, L) - V(J - 1, K, L)) _
            + VS(J) * (V(J, K + 1, L) - V(J, K - 1, L)) _
            + WS(J) * (V(J, K, L + 1) - V(J, K, L - 1))
        WNN = US(J) * (W(J + 1, K, L) - W(J - 1, K, L)) _
            + VS(J) * (W(J, K + 1, L) - W(J, K - 1, L)) _
            + WS(J) * (W(J, K, L + 1) - W(J, K, L - 1))
```

```
      UN(J) = UNN * 0.5
      VN(J) = VNN * 0.5
      WN(J) = WNN * 0.5
    Next J
  Else
    '非線形項上流差分
    For J = 1 To JMAX - 1
      If MSK(J, K, L) < 1 Then
        UNN = US(J) * (U(J + 1, K, L) - U(J - 1, K, L)) _
            + VS(J) * (U(J, K + 1, L) - U(J, K - 1, L)) _
            + WS(J) * (U(J, K, L + 1) - U(J, K, L - 1)) _
            - UA(J) * (U(J + 1, K, L) - 2# * U(J, K, L) + U(J - 1, K, L)) _
            - VA(J) * (U(J, K + 1, L) - 2# * U(J, K, L) + U(J, K - 1, L)) _
            - WA(J) * (U(J, K, L + 1) - 2# * U(J, K, L) + U(J, K, L - 1))
        UN(J) = UNN * 0.5
        VNN = US(J) * (V(J + 1, K, L) - V(J - 1, K, L)) _
            + VS(J) * (V(J, K + 1, L) - V(J, K - 1, L)) _
            + WS(J) * (V(J, K, L + 1) - V(J, K, L - 1)) _
            - UA(J) * (V(J + 1, K, L) - 2# * V(J, K, L) + V(J - 1, K, L)) _
            - VA(J) * (V(J, K + 1, L) - 2# * V(J, K, L) + V(J, K - 1, L)) _
            - WA(J) * (V(J, K, L + 1) - 2# * V(J, K, L) + V(J, K, L - 1))
        VN(J) = VNN * 0.5
        WNN = US(J) * (W(J + 1, K, L) - W(J - 1, K, L)) _
            + VS(J) * (W(J, K + 1, L) - W(J, K - 1, L)) _
            + WS(J) * (W(J, K, L + 1) - W(J, K, L - 1)) _
            - UA(J) * (W(J + 1, K, L) - 2# * W(J, K, L) + W(J - 1, K, L)) _
            - VA(J) * (W(J, K + 1, L) - 2# * W(J, K, L) + W(J, K - 1, L)) _
            - WA(J) * (W(J, K, L + 1) - 2# * W(J, K, L) + W(J, K, L - 1))
        WN(J) = WNN * 0.5
      Else
        UX1 = -U(J + 2, K, L) + 8# _
            * (U(J + 1, K, L) - U(J - 1, K, L)) + U(J - 2, K, L)
        UY1 = -U(J, K + 2, L) + 8# _
            * (U(J, K + 1, L) - U(J, K - 1, L)) + U(J, K - 2, L)
        UZ1 = -U(J, K, L + 2) + 8# _
            * (U(J, K, L + 1) - U(J, K, L - 1)) + U(J, K, L - 2)
        UX2 = U(J + 2, K, L) + U(J - 2, K, L) - 4# _
            * (U(J + 1, K, L) + U(J - 1, K, L)) + 6# * U(J, K, L)
        UY2 = U(J, K + 2, L) + U(J, K - 2, L) - 4# _
            * (U(J, K + 1, L) + U(J, K - 1, L)) + 6# * U(J, K, L)
        UZ2 = U(J, K, L + 2) + U(J, K, L - 2) - 4# _
            * (U(J, K, L + 1) + U(J, K, L - 1)) + 6# * U(J, K, L)
        VX1 = -V(J + 2, K, L) + 8# _
            * (V(J + 1, K, L) - V(J - 1, K, L)) + V(J - 2, K, L)
        VY1 = -V(J, K + 2, L) + 8# _
            * (V(J, K + 1, L) - V(J, K - 1, L)) + V(J, K - 2, L)
        VZ1 = -V(J, K, L + 2) + 8# _
            * (V(J, K, L + 1) - V(J, K, L - 1)) + V(J, K, L - 2)
        VX2 = V(J + 2, K, L) + V(J - 2, K, L) - 4# _
            * (V(J + 1, K, L) + V(J - 1, K, L)) + 6# * V(J, K, L)
        VY2 = V(J, K + 2, L) + V(J, K - 2, L) - 4# _
            * (V(J, K + 1, L) + V(J, K - 1, L)) + 6# * V(J, K, L)
        VZ2 = V(J, K, L + 2) + V(J, K, L - 2) - 4# _
            * (V(J, K, L + 1) + V(J, K, L - 1)) + 6# * V(J, K, L)
        WX1 = -W(J + 2, K, L) + 8# _
            * (W(J + 1, K, L) - W(J - 1, K, L)) + W(J - 2, K, L)
        WY1 = -W(J, K + 2, L) + 8# _
            * (W(J, K + 1, L) - W(J, K - 1, L)) + W(J, K - 2, L)
        WZ1 = -W(J, K, L + 2) + 8# _
            * (W(J, K, L + 1) - W(J, K, L - 1)) + W(J, K, L - 2)
        WX2 = W(J + 2, K, L) + W(J - 2, K, L) - 4# _
            * (W(J + 1, K, L) + W(J - 1, K, L)) + 6# * W(J, K, L)
        WY2 = W(J, K + 2, L) + W(J, K - 2, L) - 4# _
            * (W(J, K + 1, L) + W(J, K - 1, L)) + 6# * W(J, K, L)
```

```
      WZ2 = W(J, K, L + 2) + W(J, K, L - 2) - 4# _
        * (W(J, K, L + 1) + W(J, K, L - 1)) + 6# * W(J, K, L)
      UN(J) = (US(J) * UX1 + UA(J) * UX2 + VS(J) * UY1 _
        + VA(J) * UY2 + WS(J) * UZ1 + WA(J) * UZ2) / 12#
      VN(J) = (US(J) * VX1 + UA(J) * VX2 + VS(J) * VY1 _
        + VA(J) * VY2 + WS(J) * VZ1 + WA(J) * VZ2) / 12#
      WN(J) = (US(J) * WX1 + UA(J) * WX2 + VS(J) * WY1 _
        + VA(J) * WY2 + WS(J) * WZ1 + WA(J) * WZ2) / 12#
    End If
  Next J
End If
'粘性項
For J = 1 To JMAX - 1
  ULL = C1(J, K, L) _
      * (U(J + 1, K, L) - 2# * U(J, K, L) + U(J - 1, K, L)) _
    + C2(J, K, L) _
      * (U(J, K + 1, L) - 2# * U(J, K, L) + U(J, K - 1, L)) _
    + C3(J, K, L) _
      * (U(J, K, L + 1) - 2# * U(J, K, L) + U(J, K, L - 1)) _
    + 0.5 * C7(J, K, L) * (U(J + 1, K, L) - U(J - 1, K, L)) _
    + 0.5 * C8(J, K, L) * (U(J, K + 1, L) - U(J, K - 1, L)) _
    + 0.5 * C9(J, K, L) * (U(J, K, L + 1) - U(J, K, L - 1)) _
    + C4(J, K, L) * (U(J + 1, K + 1, L) - U(J - 1, K + 1, L) _
      - U(J + 1, K - 1, L) + U(J - 1, K - 1, L)) / 2# _
    + C5(J, K, L) * (U(J, K + 1, L + 1) - U(J, K - 1, L + 1) _
      - U(J, K + 1, L - 1) + U(J, K - 1, L - 1)) / 2# _
    + C6(J, K, L) * (U(J + 1, K, L + 1) - U(J - 1, K, L + 1) _
      - U(J + 1, K, L - 1) + U(J - 1, K, L - 1)) / 2#
  UL(J) = ULL
  VLL = C1(J, K, L) _
      * (V(J + 1, K, L) - 2# * V(J, K, L) + V(J - 1, K, L)) _
    + C2(J, K, L) _
      * (V(J, K + 1, L) - 2# * V(J, K, L) + V(J, K - 1, L)) _
    + C3(J, K, L) _
      * (V(J, K, L + 1) - 2# * V(J, K, L) + V(J, K, L - 1)) _
    + 0.5 * C7(J, K, L) * (V(J + 1, K, L) - V(J - 1, K, L)) _
    + 0.5 * C8(J, K, L) * (V(J, K + 1, L) - V(J, K - 1, L)) _
    + 0.5 * C9(J, K, L) * (V(J, K, L + 1) - V(J, K, L - 1)) _
    + C4(J, K, L) * (V(J + 1, K + 1, L) - V(J - 1, K + 1, L) _
      - V(J + 1, K - 1, L) + V(J - 1, K - 1, L)) / 2# _
    + C5(J, K, L) * (V(J, K + 1, L + 1) - V(J, K - 1, L + 1) _
      - V(J, K + 1, L - 1) + V(J, K - 1, L - 1)) / 2# _
    + C6(J, K, L) * (V(J + 1, K, L + 1) - V(J - 1, K, L + 1) _
      - V(J + 1, K, L - 1) + V(J - 1, K, L - 1)) / 2#
  VL(J) = VLL
  WLL = C1(J, K, L) _
      * (W(J + 1, K, L) - 2# * W(J, K, L) + W(J - 1, K, L)) _
    + C2(J, K, L) _
      * (W(J, K + 1, L) - 2# * W(J, K, L) + W(J, K - 1, L)) _
    + C3(J, K, L) _
      * (W(J, K, L + 1) - 2# * W(J, K, L) + W(J, K, L - 1)) _
    + 0.5 * C7(J, K, L) * (W(J + 1, K, L) - W(J - 1, K, L)) _
    + 0.5 * C8(J, K, L) * (W(J, K + 1, L) - W(J, K - 1, L)) _
    + 0.5 * C9(J, K, L) * (W(J, K, L + 1) - W(J, K, L - 1)) _
    + C4(J, K, L) * (W(J + 1, K + 1, L) - W(J - 1, K + 1, L) _
      - W(J + 1, K - 1, L) + W(J - 1, K - 1, L)) / 2# _
    + C5(J, K, L) * (W(J, K + 1, L + 1) - W(J, K - 1, L + 1) _
      - W(J, K + 1, L - 1) + W(J, K - 1, L - 1)) / 2# _
    + C6(J, K, L) * (W(J + 1, K, L + 1) - W(J - 1, K, L + 1) _
      - W(J + 1, K, L - 1) + W(J - 1, K, L - 1)) / 2#
  WL(J) = WLL
Next J
For J = 1 To JMAX - 1
  PJ = (P(J + 1, K, L) - P(J - 1, K, L)) * 0.5
```

```
        PK = (P(J, K + 1, L) - P(J, K - 1, L)) * 0.5
        PL = (P(J, K, L + 1) - P(J, K, L - 1)) * 0.5
        UINC = -UN(J) - XX(J, K, L) * PJ - YX(J, K, L) * PK _
             - ZX(J, K, L) * PL + UL(J) / RE
        VINC = -VN(J) - XY(J, K, L) * PJ - YY(J, K, L) * PK _
             - ZY(J, K, L) * PL + VL(J) / RE
        WINC = -WN(J) - XZ(J, K, L) * PJ - YZ(J, K, L) * PK _
             - ZZ(J, K, L) * PL + WL(J) / RE
        Q(J, K, L) = U(J, K, L) + DT * UINC
        D(J, K, L) = V(J, K, L) + DT * VINC
        S(J, K, L) = W(J, K, L) + DT * WINC
      Next J
    Next K
  Next L
  For L = 1 To LMAX - 1
    For K = 1 To KMAX - 1
      For J = 1 To JMAX - 1
        U(J, K, L) = Q(J, K, L)
        V(J, K, L) = D(J, K, L)
        W(J, K, L) = S(J, K, L)
      Next J
    Next K
  Next L
Next N
For K = 1 To KMAX
  For J = 1 To JMAX
    Cells(J, K + 14) = P(J, K, LMAX / 2)
  Next J
Next K
' 流速表示
If ITY = 2 Then
  FCTV = 0.25
  II = 1
  JJ = 1
  For K = 0 To KMAX - 1
    For J = 1 To JMAX
      CX = X(J, K, LMAX / 2)
      CY = Y(J, K, LMAX / 2)
      Cells(II, JJ) = CX
      Cells(II, JJ + 1) = CY
      Cells(II + 1, JJ) = CX + U(J, K, LMAX / 2) * FCTV
      Cells(II + 1, JJ + 1) = CY + V(J, K, LMAX / 2) * FCTV
      II = II + 3
    Next J
  Next K
  II = 1
  JJ = 4
  For K = 0 To KMAX - 1
    For J = 1 To JMAX
      CX = X(J, K, 2)
      CY = Y(J, K, 2)
      Cells(II, JJ) = CX
      Cells(II, JJ + 1) = CY
      Cells(II + 1, JJ) = CX + U(J, K, 2) * FCTV
      Cells(II + 1, JJ + 1) = CY + V(J, K, 2) * FCTV
      II = II + 3
    Next J
  Next K
  II = 1
  JJ = 7
  For K = 0 To KMAX - 1
    For J = 1 To JMAX
      CX = X(J, K, LMAX - 1)
      CY = Y(J, K, LMAX - 1)
```

```
        Cells(II, JJ) = CX
        Cells(II, JJ + 1) = CY
        Cells(II + 1, JJ) = CX + U(J, K, LMAX - 1) * FCTV
        Cells(II + 1, JJ + 1) = CY + V(J, K, LMAX - 1) * FCTV
        II = II + 3
      Next J
    Next K
    II = 1
    JJ = 10
    For I = 1 To 2
      For L = 1 To LMAX - 1
        For J = 1 To JMAX
          K = KMAX / 2 * (I - 1)
          CX = X(J, K, L)
          CZ = Z(J, K, L)
          Cells(II, JJ) = CX
          Cells(II, JJ + 1) = CZ
          Cells(II + 1, JJ) = CX + U(J, K, L) * FCTV
          Cells(II + 1, JJ + 1) = CZ + W(J, K, L) * FCTV
          II = II + 3
        Next J
      Next L
    Next I
  ElseIf ITY = 1 Then
    II = 1
    JJ = 1
    FCTV = 0.25
    For L = 0 To LMAX
      For J = 0 To JMAX
        KP = 0: LL = L - 1
        If L - Int(L / 2) * 2 = 0 Then
          KP = KMAX - 1
          LL = L
        End If
        CX = X(J, 1 + KP, LL)
        CZ = Z(J, 1 + KP, LL)
        Cells(II, JJ) = CX
        Cells(II, JJ + 1) = CZ
        Cells(II + 1, JJ) = CX + U(J, 1 + KP, LL) * FCTV
        Cells(II + 1, JJ + 1) = CZ + W(J, 1 + KP, LL) * FCTV
        II = II + 3
      Next J
    Next L
    II = 1
    JJ = 3
    For L = 0 To LMAX
      For K = 0 To KMAX
        CZ = Z(JMAX / 2, K, L)
        CY = Y(JMAX / 2, K, L)
        Cells(II, JJ) = CZ
        Cells(II, JJ + 1) = CY
        Cells(II + 1, JJ) = CZ + W(JMAX / 2, K, L) * FCTV * 4
        Cells(II + 1, JJ + 1) = CY + V(JMAX / 2, K, L) * FCTV * 4
        II = II + 3
      Next K
    Next L
  ElseIf ITY = 0 Then
    II = 1
    JJ = 1
    FCTV = 0.125
    For I = 1 To 2
      IP = JMAX / 2 * (I - 1)
      For L = 1 To LMAX - 1
        For K = 7 To KMAX - 7
```

```
        CX = X(1 + IP, K, L)
        CY = Y(1 + IP, K, L)
        Cells(II, JJ) = CX
        Cells(II, JJ + 1) = CY
        Cells(II + 1, JJ) = CX + U(1 + IP, K, L) * FCTV
        Cells(II + 1, JJ + 1) = CY + V(1 + IP, K, L) * FCTV
        II = II + 3
      Next K
    Next L
  Next I
 End If
End Sub
```

このプログラムでは，タイプを変えることにより上下の壁に囲まれた**傾斜円柱**まわりの流れと，エルボ部をもつ円管内の流れ，および**U字管内**の流れを計算します．また，高レイノルズでも計算できるようにナビエ・ストークス方程式の非線形項を中心差分（低レイノルズ数の場合）で近似するか，または上流差分（高レイノルズ数の場合）で近似するかを選べるようになっています．

Fig.5.2 には傾斜円柱の計算結果を示します．上下の壁面に平行な傾斜上流側と中央および傾斜下流側の断面での速度ベクトルが表示されています．Fig.5.3 にはエルボ部をもつ円管に対して管軸を含み曲がり部が見える断面における速度ベクトルが表示されています．格子は円柱座標をもとにつくっているので中心線上の点は特異点になります．ここでは中心付近に細い管があるとして計算をおこなっています．

Fig.5.4 と Fig.5.5 はU字管内流れの計算結果です．Fig.5.4 は Fig.5.3 と同様管軸を含み曲がり部が見える断面における速度ベクトルです．この場合も中心軸が特異点になるため細い管があるとして計算しています．Fig.5.5 は管の中央部で管軸に垂直な断面内の速度ベクトルです．２次流れが見えます．なお，計算は対称条件を使っているため対称面より上側のみ表示しています．

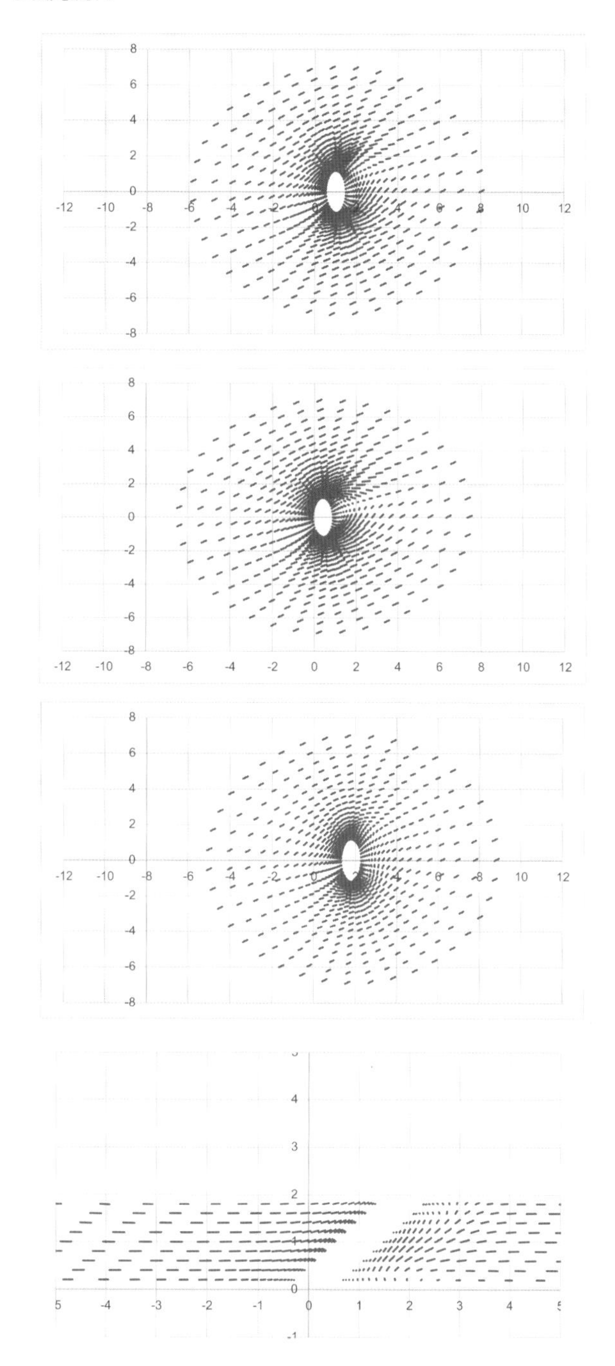

Fig.5.2

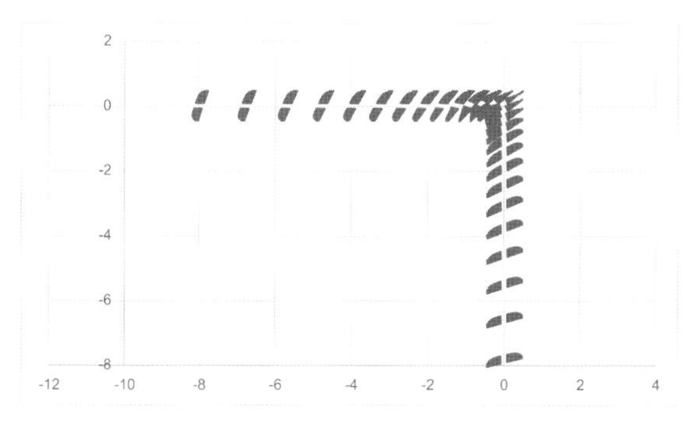

Fig.5.3

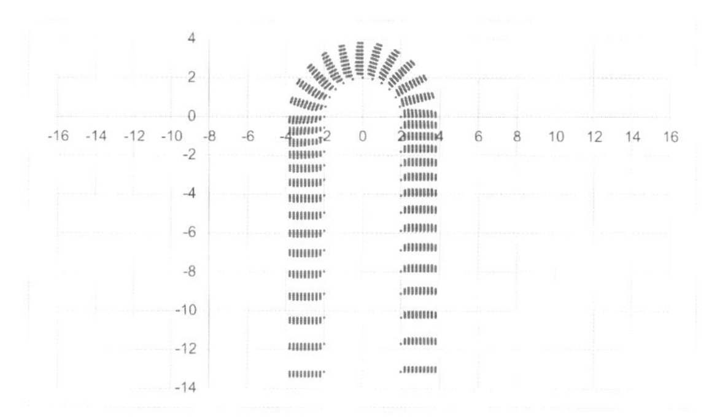

Fig.5.4

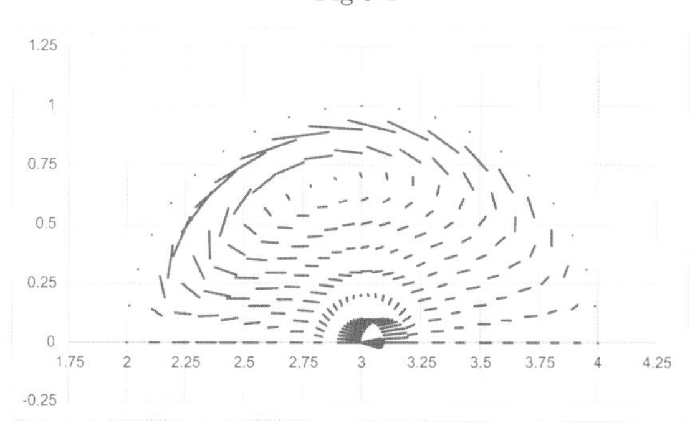

Fig.5.5

Afterword

本書はコンパクトシリーズ流れの1冊で，シリーズの各巻で取り上げてきた流体力学の数値計算法に対し基礎部分も含めて実際のプログラムを示したものです．流れの計算のみならず一般に数値計算法は理屈がわかるというだけでは不十分で，実際にプログラムのなかでどのように実現されているかを理解する必要があります．そこで本書ではエクセルに付属しているVBAというプログラム言語を用いたプログラムを示しました．VBAは構造が簡単であるためプログラムで何をしているのかが理解しやすいと思います．なお，プログラムでは行数の節約と構造を見えやすくするため必要最低限の骨組みのみ記しました．

流体力学は非常に実用的で日常生活に役に立つ学問です．一例として最近著者が手伝っている課題を紹介します．これは地球温暖化対策のためのCCUS（Carbon dioxide Capture, Utilization and Storage）技術の一つで，NEDOのプロジェクト[*1]です．火力発電所で排出されるCO_2を，運搬が便利なように液化して船に積み貯蔵基地まで運びます．船への荷揚げや荷卸し時に長い配管を使いますが，配管には多数のベンドやエルボ，T字部，U字部があり，さらに弁や混入物を取り除くための網目もついています．配管で主に問題になるのは目詰まりを起す可能性があるドライアイス化であり，防止のための指針を与えるために数値流体力学を利用します．問題は複雑ですが要素に分けると単純化できます．こういったプロジェクトでは成果を社会に示すことが重要なので，実際の解析プログラムの中で個々の問題に特化されない一般的で汎用的な部分を公表することが大切であると考えました．本書でベンド，エルボ，U字管内の流れの解析プログラムを載せたのはそのためです．

プログラムは眺めるだけではなく実際に手で打ち込むことにより理解できるという一面もあります．また打ち込むときコピー＆ペーストし，少し修正することによって手間が省ける部分も多数あります．そして，この操作がさらにプログラムの理解を深めることにつながります．エクセルの操作はネットなどで調べることができるので，是非エクセルを立ち上げて本書のプログラムあるいは各自が改良したプログラムを実行してみてください．

[*1] NEDO（国立研究開発法人新エネルギー・産業技術総合開発機構）CCUS研究開発・実証関連事業

Index

あ

か

さ

た

な

は

ま

や

ら

Notice

インデックス出版

https://www.index-press.co.jp/

インデックス出版　コンパクトシリーズ

★ 数学 ★

本シリーズは高校の時には数学が得意だったけれども大学で不得意になってしまった方々を主な読者と想定し，数学を再度得意になっていただくことを意図しています．

それとともに，大学に入って分厚い教科書が並んでいるのを見て尻込みしてしまった方を対象に，今後道に迷わないように早い段階で道案内をしておきたいという意図もあります．

◎微分・積分　◎常微分方程式　◎ベクトル解析　◎複素関数

◎フーリエ解析・ラプラス変換　◎線形代数　◎数値計算

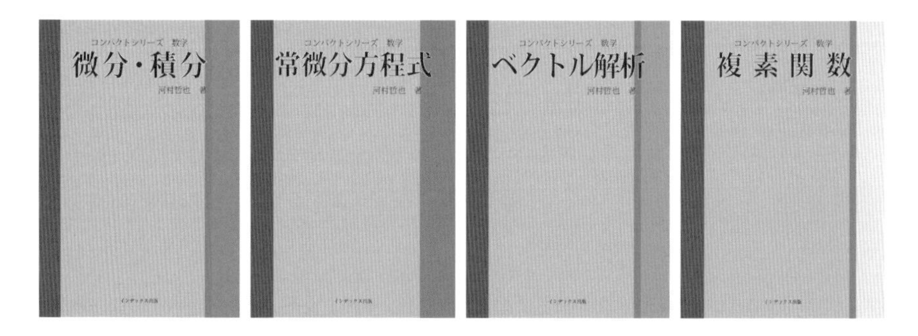

【著者紹介】

河村哲也（かわむら てつや）

お茶の水女子大学名誉教授
（財）エンジニアリング協会　技術部　主席研究員

コンパクトシリーズ流れ（ながれ）　流体（りゅうたい）シミュレーションのプログラム集（しゅう）

2024年5月31日　初版第1刷発行

著　者　河　村　哲　也
発行者　田　中　壽　美

発 行 所　インデックス出版
〒191-0032　東京都日野市三沢1-34-15
Tel 042-595-9102　Fax 042-595-9103
URL：https://www.index-press.co.jp

Printed in Japan　ISBN978-4-910058-75-7　C3051